本书为教育部人文社会科学研究规划基金项目成果
（项目编号：18YJA760078）

献给“一带一路”倡议十周年

张锋　任智英⊙著

东南亚华人宗祠建筑艺术研究

广西师范大学出版社
GUANGXI NORMAL UNIVERSITY PRESS
·桂林·

东南亚华人宗祠建筑艺术研究
Dongnanya Huaren Zongci Jianzhu Yishu Yanjiu

图书在版编目（CIP）数据

东南亚华人宗祠建筑艺术研究 / 张锋，任智英著.
桂林 ：广西师范大学出版社，2024. 12. -- ISBN 978-7-5598-7705-5

Ⅰ. TU-093.3

中国国家版本馆 CIP 数据核字第 2024U1Z075 号

广西师范大学出版社出版发行
（广西桂林市五里店路 9 号　邮政编码：541004
网址：http://www.bbtpress.com）
出版人：黄轩庄
全国新华书店经销
广西昭泰子隆彩印有限责任公司印刷
（南宁市友爱南路 39 号　邮政编码：530001）
开本：787 mm × 960 mm　1/16
印张：21　　字数：204 千
2024 年 12 月第 1 版　　2024 年 12 月第 1 次印刷
定价：89.00 元

序

原本属于建筑艺术领域的问题，在《东南亚华人宗祠建筑艺术研究》作者的笔下，转而成为中国人传统文化信仰的独特议题，而这正回应了当前“一带一路”需要面对和思考的迫切问题。

自古以来，中华民族就有敬祖祭祀的传统，这种文化习俗不仅体现在宗族观念的形成上，也反映在宗祠的兴建与发展中。宗祠作为家族的精神圣地，是族人缅怀先祖、凝聚血缘关系的重要场所。无论是雄伟壮观的外观，还是精雕细琢的建筑细节，宗祠建筑艺术无不彰显着华人对故土、对祖先的深厚情感。这种情感，随着华人的足迹，从中原大地延展至东南亚的各个角落，东南亚各地华人宗祠的艺术风格与文化内涵，向我们展示了这一文化现象因应而变的深层结构与演化逻辑。

东南亚各国的华人宗祠风格各异，这与其所处的地理环境、历史背景及华人社群的来源密切相关。以马来西亚的槟城为例，这里是东南亚最早的华人聚居地之一，保留着众多具有典型闽南风格的宗祠。这些宗祠无论是在规模还是在装饰上，都极具中国原乡的传统特色，反映了当地华人社群与祖籍地文化的深厚联系。对这些典型建筑风格的详细描述与分析，为我们展现了一个生动的华人宗祠建筑艺术画卷。

随着时代的发展，这些宗祠逐渐演变为当地华人社区的文化中心、社交场所，甚至成为展示中华文化的窗口。该书不仅限于对典型建筑风格的描述，更通过跨学科的研究方法，从历史、社会学、文化人类学等多角度对东南亚华人宗祠的功能与意义进行了全面阐释。例如，他通过分析宗祠的建筑空间布局与装饰图案，揭示了其背后所蕴含的文化象征与社会功能。宗祠的建筑布局往往蕴含着家族的等级与权力结构，而建筑装饰则通过符号与图腾传递着家族的价值观与历史记忆。宗祠不仅承载着家族的历史、文化和信仰，也是海内外中华儿女连接故土的纽带。这些细节反映了华人在异国他乡对文化身份的认同与坚守，也展现了宗祠建筑艺术在传承华人精神世界中的重要作用。

宗祠不仅是一种文化遗产，更是一种动态的社会文化现象，它随着时间和社会环境的变化而不断演变。宗祠在不同的历史阶段也承载了不同的社会功能。早期的宗祠更多地用于祭祀与宗族活动，而在现代社会中，它们逐渐成为华人社区的文化活动中心与旅游景点。这一转变不仅反映了宗祠在当代社会中的新功能，也展现了华人文化在“一带一路”倡议下与东南亚各国文化的深度融合。宗祠从封闭走向开放，从宗族走向社会，这一过程不仅见证了华人社会的变迁，也为中外文化的交流互鉴提供了新的平台。在全球化加速发展的今天，这些宗祠在承载华人历史记忆的同时，也在“一带一路”背景下焕发出新的生机，成为促进中外文化理解与交流的重要桥梁。

随着“一带一路”倡议的推进，中外文化交流日益频繁，东南亚地区作为重要的华人聚集地，其华人宗祠所承载的文化内涵与社会功能更加引人注目。通过对这些宗祠的研究，我们不仅可以更好地理解华人社会的历史与现状，也能更深入地探讨中华文化在全球化背景下的发展与传播。这种研究对于推动中华文化在海外的传播与影响，增强华人社区的凝聚力与文化认同感具有重要的现实意义。作者指出，宗祠是中华文化在海外传播的重要载体，亦是代表华人身份的重要文化符号。

中国与东南亚各国的文化交流与合作不断深化，宗祠作为这一过程中的文化符号，不仅展现了中华文化的传承力，也反映了中外文化的相互融合。在这片辽阔的文化海洋中，东南亚地区的华人宗祠因其独特的地理与文化背景，展现出一种兼容并包、独具魅力的建筑艺术形式。这些宗祠随着华人移民的脚步扎根异国，既保存了中华文化的精髓，又融入了当地的风土人情。在这些宗祠中，华人通过建筑艺术表达着对祖先的敬仰与对文化的认同，同时也与当地文化实现了深度交融。这种文化的双向流动，正是“一带一路”倡议所强调的共商、共建、共享原则的具体体现。《东南亚华人宗祠建筑艺术研究》正是在这一背景下应运而生，为我们提供了一把探索东南亚华人宗祠建筑艺术与文化传承的钥匙。这些宗祠不仅记录了华人移民在异国他乡的奋斗史，也见证了中华文化在海外的传承与创新，更为进一步推动“一带一路”背景下的文化交流与合作提供了宝贵的学术资源。

我到过贺州三次，考察过临贺故城，一个宗祠汇聚的西汉古城，张锋教授的宗祠研究正是从这里出发，做到了“校级课题起步—厅级课题跟进—省级课题推进—部级课题扩展—国家社科深化”的长线思考和着力，扎根一隅，一坚持就是十五年，切实难能可贵。我深感荣幸能为这本意义非凡的专著作序，并希望它能够启发更多的读者去关注与研究东南亚华人宗祠建筑艺术，进一步促进中华文化与世界各国文化的交流与融合。

今年，恰逢“一带一路”倡议提出十周年，这部著作的出版具有特殊的历史意义，尤其珍贵。特此推荐。

陈晓青

2023 年 12 月

目　录

第一章 绪论

虽然民间宗祠的合法化在明代嘉靖时期之后，但是宗祠是儒家孝亲文化的外在载体，自有人伦文化以来，史不绝书。祖宗祠庙作为华人精神寄托的外在物质载体，内在涌动着华人溯源求本之心。张锋在其关于岭南祠堂的博士论文中提到“中国宗祠的历史源远流长。宏观地来看，从唐宋宗庙（黄河流域）到宋元家庙（长江流域），再到明清宗祠（珠江流域）”，得出“基于流域之变的中国传统宗祠历史图景演进的逻辑关系”。[1] 由此，可以看出中国人尤其是中华文化中宗祠文化的空间演进特性。

海外华侨华人作为华人文化的种子，遍撒全球。即使取得所在国的国籍，已经在身份上深刻认可所在国，但是在民族属性上也会留下华人独有的文化印记。他们在融入所在国的同时，自然会将宗祠这一祖宗信仰的外在文化载体保留。诚如李明欢所言：“逐梦留根。”[2]《联合国文化多样

1　张锋：《岭南宗祠文化空间建构研究》，澳门科技大学博士论文，2022 年。

2　李明欢：《逐梦留根：21 世纪以来中国人跨国流动新常态》，《华侨华人历史研究》，2023 年第 3 期。

性宣言》指出："文化多样性是人类的共同遗产。"在尊重人权和基本自由的前提下，"每个人都应当能够参加其选择的文化生活和从事自己所特有的文化活动"。东南亚作为海外华侨华人最为集中的区域，华侨华人自然应享有这一权利。虽然东南亚各国在对待华人文化上存在一定的差异，但是宗祠文化现象依然得到了传承和发展，并被视为华人文化特性的象征。在"一带一路"的大背景下，研究东南亚华人宗祠，有助于理解华人文化在海外的传播，有助于了解文化多样化角度下不同文化之间的碰撞与交流。在求同存异的前提下，本研究有助于增进中华文化与东南亚各国文化彼此之间的理解和认同，拉近彼此之间的心理距离，消弭文化隔阂，为实现中国与东南亚各国的共同繁荣助力。

■第一节

研究背景

本书是在课题组成员多年对国内宗祠，尤其是岭南宗祠的研究基础上展开的。岭南地区自古以来与东南亚国家地理位置接近，文化经济交往频繁，为沟通中国与东南亚各国的先行之地。地理空间与文化空间的交错，各国人民之间的交往交流，促使课题组成员深刻反思宗祠文化如何在东南亚生存与发展。因得地利之便，故在此处扎根研究，希望为东南亚华人宗祠文化研究提供一点可供参考的浅见。因研究者学养不足与对各国实地考察不周的缘故，部分内容可能不够深入，或者有所欠缺，观点仅为管见，只能起到抛砖引玉

图 1–1　马来西亚槟城世德堂谢公司

的作用，恳请读者与方家在阅读之余提出批评建议。

本书所指东南亚是指亚洲东南部地区，区划严格按照中华人民共和国外交部关于东南亚的定义。地理意义上的东南亚包括中南半岛与马来群岛两大部分，国家包括所谓的“半岛国家”“海岛国家”。东南亚华人从民族属性与文化属性来讲，即祖先来自中国的、有中华民族血统的长住或永居东南亚的华人，本书中所指的东南亚华人范围比较宽泛，包括华侨和华裔。

本书在对全国各地传统宗祠建筑艺术的整体把握和“一带一路”宏观视角下，开展对东南亚华人宗祠建筑艺术的深入考察。通过文献和图像相互参照、考察与影像数据采集相结合的方法，尽可能清晰地勾画出东南亚华人宗祠的地域艺术风貌。

本书主要通过与广西、广东、福建等地传统宗祠建筑艺术的比较研究，同时适当涉及云南、贵州等地，深入挖掘东南亚华人宗祠建筑的艺术基因，对东南亚华人宗祠建筑艺术提出理论定位，以期拓展中国建筑艺术的传播价值，探讨其因应而变的融合意义。

东南亚华人宗祠除了崇宗祭祖这一基本功能之外，还承担了国家认同和文化认同，团结族人、扶助族人，传播中国文化，维护族群权益等多种功能，宗亲在广结人缘的同时也发展了商贸。作为文化载体的宗祠建筑在保持中国传统的同时，出现了多元化取向。它既坚守固有传统，又能因应变化，延续不息；不仅是祭祖和联络宗亲的场所，还发挥了凝聚族群的作用。在“一带一路”背景下，笔者意在继续探讨其未来持续发展的路向。

■第二节

研究内容

一、研究内容

（一）调查目前东南亚华人宗祠的分布状况、遗存情况

东南亚华人宗祠，在漫长的历史再创造中，始终承载着华夏文明的深厚文化内涵与底蕴，体现着吉祥意蕴的审美取向。华人宗祠在东南亚分布广泛，但主要集中在马来西亚、泰国、新加坡、菲律宾、印度尼西亚、柬埔寨等国，其他国家数量相对较少。宗祠的分布与华侨华人早期进入东南亚各国后的聚居态势密不可分。宗祠多

图 1–2　马来西亚槟榔屿广东暨汀州会馆

由同乡或者同宗同族的华侨华人建立，往往一人移居扎根后，其同村同宗之人即接踵而至，逐步形成了散布于东南亚的闽南、潮州、客家、广肇、琼州等五大华侨族群。如马来西亚槟城保存了大量的宗祠建筑，其中多数为中国传统风格。对这些具有历史价值和艺术价值的宗祠进行调查，是本课题的基本任务。

（二）挖掘东南亚华人宗祠的艺术价值

本书将从东南亚华人宗祠的历史沿革、发展现状、姓氏溯源、建筑形式、建造技艺、装饰风格、成就影响等多个方面具体展开，以便全面梳理东南亚华人宗祠的艺术价值。作为文化遗产的重要组成部分，宗祠建筑是探寻文明发展历程不可或缺的宝贵实物资料，蕴藏着极其丰富的历史信息和文化内涵。其鲜明的地域性、民族性和丰富多彩的形制风格，成为反映和构成文化多样性的重要元素。课题结合实地考察和文献研究，着重于审美特征的探讨——包括物质功能性与审美功能性的结合，空间延续性和环境特定性的结合，正面抽象性与象征表现性的结合，以明确其传承、风格等艺术特征。

（三）探索东南亚华人宗祠的特色内涵及其形成的历史文化渊源

文化性格是造成一些艺术现象的出现及其周边地区艺术创作风格与样式差异的主要原因。东南亚特殊的地域性及其文化氛围，深刻影响了华人的审美取向、风格追求，以及内容选择。在以血缘为纽带的宗法体系下，宗祠文化不断传播，“敬天法祖”是这一体系的核心内涵。东南亚华人宗祠建筑艺术与历史文化、民族信仰、道德传统相结合，极具特色内涵。其反映出的丰富深厚的家国情怀和思想精髓，很多是有利于社会文化和社会和谐发展的。因此，深入挖掘其形成的文化渊源及因应而变的文化自信力，能够揭示其独特的价值。

（四）系统研究东南亚华人宗祠的艺术特点、施工技巧及材料运用等情况

东南亚宗祠的艺术构造及营造技艺在继承中国建筑传统的基础上，也形成了一些独特风格：新加坡林氏大宗祠体现了早期海峡殖民地的建筑风格，南洋柱廊与西洋建筑相结合，形成了独具特色的东南亚近代建筑风格；菲律宾宗祠和宗亲会建筑往往门庭高大气派，庭院开阔舒展，既保留了江南庭院式建筑的特点，又融入了天主教

图 1-3　马来西亚槟城文山堂邱公司

堂的布局。通过探索其传承中因应而变的艺术基因，可以发现这些宗祠逐渐融合多种样式，呈现多元化的特点。

二、拟突破的重点和难点

（一）从理论与实践两个方面探讨东南亚华人宗祠的艺术价值

具体从宗祠的历史、现状、形制、技艺、风格、成就、影响等方面展开。在对东南亚华人宗祠建筑艺术全面的梳理中，笔者通过文献研究和实地考察，在传播与融合中寻找留存其中原汁原味的传统基因。例如，马来西亚槟城保存了大量的宗祠建筑，其中多数为中国传统风格，最富丽堂皇的当属邱氏宗祠，有戏台、宫殿式祠堂及配套建筑；泰国李氏大宗祠坐北朝南，祠堂大门为歇山顶，三重飞檐叠构，壮丽宏阔，十分气派；缅甸宗祠则多采用庙宇风格等。各东南亚国家姓氏祠堂在借鉴一般中国传统祠堂建筑风格的同时，相当一部分保留了祖籍地建筑风格，主要是闽粤地区的建筑特点。根据地域差异进行适应性设计，也是东南亚华人宗祠建筑的一大特色。比如新加坡林氏大宗祠将南洋柱廊与西洋建筑相结合，形成了独特的东南亚近代建筑风格。但宗祠建筑在逐渐现代化的同时，依然会保留一些中国元素。新马华人在殖民地时期大量建造骑楼式建筑，并对这种源于西方的建筑样式进行了改造，融入了华人建筑的特征。东南亚各国宗亲会还会顺应当地文化，保留传统的同时，融入不同文化的建筑风格。

（二）探求东南亚华人宗祠的特色内涵及其形成的历史文化渊源

东南亚宗祠的早期建筑风格主要是中式，发展到今天，逐渐融合了多种样式，呈现出多元化的特点。由于宗亲会馆往往兼有宗祠的功能，两者往往密不可分。它们在建筑风格方面大体上保持了一致，所以本课题将宗亲会馆也纳入了宗祠建筑加以研究。东南亚华人宗亲会馆和宗祠，在传承华夏建筑特色的同时，也在扬弃和发展中与时俱进，呈现出多元包容又坚守传统的特点，体现了华侨华人坚韧不拔、勇于变革的性格品质。

在东南亚华人对中国及中国文化的认同发生重大变化的今天，他们更加强调对华夏文明的文化认同，以及对族群和当地国家的认同。在此种背景下，本课题对东南亚各国积极参与我国“一带一路”倡议，共同构建人类命运共同体具有积极意义。

■第三节

研究综述与研究方法

一、研究综述

从史书记载看来，中国与东南亚各国的交往最早，中国文化对东南亚各国的影响也最早。一直以来，东方学者主要聚焦于两地政治、经济等层面的研究，而对宗祠的关注则相对较少。早在20世纪30年代，陈达就在其著作《南洋华侨与闽粤社会》中率先提出南洋华侨对中国文化的认同感，指出这种认同本质是对传统文化的认同，体现为儒家文化的表征在宗祠得到较好的保存。郑莉在《明清时期海外移民的庙宇网络》一文中指出："在海外华人社会中，为了维持原有的宗教信仰和仪式传统，通常在定居之初就开始创建华人义山和庙宇、祠堂。"中国的宗教和民间信仰广泛传入东南亚，通过宗祠体现孝亲文化和根意识。《宗祠：吉祥文化的象征》一文指出："建立宗祠就成为生者沟通逝者的重要手段，祠堂由此成为祖先灵魂的居所。"孝道是中国文化的重要组成部分，落叶归根是中国人一个非常重要的观念。虽然祖先崇拜是历史上许多民族和文化都有的东西，但是中华文明最终形成了以血缘为纽带的宗法体系。这一宗法体系在世界上是很独特的存在，"敬天法祖"是其核心内涵。可以说，宗祠是孝亲文化和根意识的外在体现。黄滋生、何思兵在《菲律宾华侨史》（广东高等教育出版社，1987）中指出，华人组织中最多的就

图 1-4　泰国胡氏宗亲总会

图 1-5　马来西亚槟榔屿江夏堂黄氏宗祠

是宗亲会、同乡会和同业公会（或者商会），甚至出现了一些秘密社会团体。林远辉、张应龙的《新加坡马来西亚华侨史》（广东高等教育出版社，1991）对新马宗祠进行了全面研究，指出19世纪新马地区有32个宗亲会，新加坡最早的华侨华人血缘型组织是1819年的曹家馆，马来西亚则为1825年在马六甲设立的江夏堂黄氏宗祠。梁基毅《海外宗亲会与大陆宗祠族谱文化》及新加坡宗乡会馆联合总会官网数据显示，新加坡宗乡会馆联合总会下属宗亲会100个；《在柬华人回国前忙"聚会" 祝福来年有个好前程》一文中提到柬埔寨宗亲会有15个；另据《印度尼西亚商报》报道，印尼有宗亲会58个；马来西亚华裔族谱中心则记录马来西亚有460余个宗亲会；泰华各姓宗亲总会联合会官网显示泰国有64个宗亲会，其中泰国李建南《"泰国李氏大宗祠"李氏祠堂记》记录了李氏大宗祠建制史；菲华各宗亲会联合总会官网显示菲律宾有宗亲会35个。各国华人宗亲会数量很多，且往往设有堂（祠堂）馆（会馆）。以上仅为粗略统计，东南亚其他国家应也或多或少存在华人的堂馆建筑。这些宗祠和会馆成为东南亚华侨华人的一个非常鲜明的文化特点，也使得东南亚华人宗祠研究越来越受到学者的关注。

与本课题相关的研究还有吉原和男、王建新《泰国华人社会的文化复兴运动——同姓团体的大宗祠建设》[《广西民族学院学报》（哲学社会科学版），2004]，刘云、李志贤《二战后新加坡华人族谱编纂研究》（《闽台文化研究》，2015），林宛莹《传统的再生：中国文学经典在马来西亚的伦理接受》（2014），陈碧《宗亲：新时期社区文化建设的推动者——以陈埭回族社区丁氏宗亲为例》（《谱牒研究与五缘文化》，2008），李海《越南探亲见闻续记》（《文史春秋》，1996），李庆新《鄚玖、鄚天赐与河仙政权（港口国）》（2010），何林《“下”缅甸与和顺人的家庭理想》(《中国边境民族的迁徙流动与文化动态》，2009）等。以上文章主要从华人活动角度对宗祠文化进行阐释。羽柴秀辉《马来西亚槟城最富贵的华人祠堂》(2008)，《新垵、槟城邱氏宗亲再聚首：新垵邱氏宗亲赴马来西亚槟城交流联谊》(《海西晨报》，2015)，麦胜《华丽的槟城邱家祠堂石雕》(2011)，《马来西亚槟城之多元文化之旅》(Travel Research Info，2012)，林文彬《柬埔寨林氏游子心系根》(2012)，以上文章通过图文并茂的形式对东南亚华人宗祠作了基础性研究，对宗祠建筑艺术也有所阐释。

总的来说，以上这些研究成果主要集中于对东南亚华人宗祠价值的肯定及探讨华人活动与宗祠文化。相关文献大多聚焦于马来西亚、泰国、新加坡、菲律宾、印度尼西亚、柬埔寨，而对越南、老挝、缅甸、文莱等四国的研究则相对较少。至于东南亚建筑艺术特别是建筑的文化与审美价值，现有研究大多停留在对宗祠图像、形式、构件（如石雕）等的表面性描述上，缺乏深入的内容分析和系统的艺术价值评估，也并未形成完备的研究体系。随着“一带一路”建设的推进和对海上丝绸之路沿线东南亚各国文化研究的升温，东南亚华人宗祠建筑艺术逐渐引起国内外众多学者和研究机构的关注。

基于此，笔者希望借助本课题的研究，深化学术界对于东南亚华人宗祠的认识，为日渐深入的东南亚华人宗祠建筑艺术研究贡献一点力量。

二、研究方法

（一）田野调查

田野调查是社会科学研究必不可少的基本方法之一，不仅仅是搜集第一手资料的重要手段，对于研究者来说，直接面对异域深邃悠远的东南亚宗祠建筑艺术无疑更能激发其科研热情。目前东南亚华人宗祠建筑艺术研究还未形成系统，故而本研究首先从客观事实出发，采取田野调查的方法，通过实地考察、口述史料、现场手绘、影像记录等方式进行第一手资料的搜集，深入发掘东南亚华人宗祠建筑艺术的相关信息。具体而言，即对东南亚华人宗祠的建筑形制、结构布局、艺术构成元素等进行详细考察，并收集谱牒、题记、碑刻等方面的资料。同时，走访当地族人，尤其是健在的参与宗祠营造的工匠，以笔记和录音的形式记录其营造宗祠建筑时的心理取向，以及宗祠样式、施工材料、技艺技巧等方面的信息。此方法结合文献调查分析、实地手绘、影像记录等工作，通过对东南亚华人宗祠及大量文献资料的考证，对现存宗祠的分布、结构布局、建筑样式、艺术构成等进行多方面分析、归纳，总结出东南亚华人宗祠独特的艺术特征，形成东南亚华人宗祠建筑艺术的理论定位。

笔者团队于2019年赴马来西亚、泰国、越南等东南亚国家考察，重点调研了华人宗祠比较集中的马来西亚槟城等地区，对槟城与泰国一些城市的华人宗祠进行了较为全面的取样，拍摄影像、手绘记录并形成图库，结合文献资料整理出尚不算完备的东南亚华人宗祠数据库。

（二）文献研究法

本研究积极查阅国内外相关研究成果，利用交叉学科的研究成果进行关联性和整体性研究，由此形成对东南亚华人宗祠的全面把握。

（三）跨学科研究法

本研究综合借鉴历史学、建筑学、民俗学、图像学等学科的理论与方法。挖掘东南亚华人宗祠的发展历史势必会运用到历史考察方法，以便全面梳理其发展与沿革。宗祠作为一种礼制建筑，需通过建筑学相关理论加以解读。华人祭祀文化与民俗密不可分，适度利用民俗学相关理论，方便我们更好地理解东南亚华人祭祀风俗的变化。同时，运用图像学和数字人文领域的方法，对东南亚华人宗祠的外观和内在装饰进行必要的要素解读和量化分析，从而更好地把握东南亚华人宗祠的文化与艺术信息。简而言之，跨学科研究方法的综合运用，有助于我们从不同侧面观察东南亚宗祠，形成更全面的认知。

■第四节

资料搜集与研究思路

一、资料搜集

研究资料搜集与整理，主要包括并不限于：

第一，学者们对于东南亚宗祠与宗族文化研究的论著。如陈达的《南洋华侨与闽粤社会》、曾少聪的《漂泊与根植：当代东南亚华人族群关系研究》、颜清湟的《东南亚华族文化：延续与变化》、Johannes Widodo 的“The Chinese Diaspora's Urban Morphology and Architecture in Indonesia”、庄国土的《世界华侨华人数量和分布的历史变化》等。这些研究涵盖了国别、区域史方面的专著，也包括研究华侨华人分布演进过程的专题论文。笔者尽可能地收集了海内外主要学者的代表性著作和论文，以期总体理解东南亚华人文化研究的整体概况。

第二，加强对第一手文献资料的搜集与整理。

1. 各侨乡的典型案例。张锋在撰写博士论文期间，深入考察了岭南地区的侨乡与宗祠建筑，搜集到不少侨乡文献和家族谱系资料。如广东林氏大宗祠的材料，其中涉及大量东南亚族人的重要信息。本书将岭南地区的部分宗祠资料与东南亚华侨华人的资料进行了对比研究，颇有收获。

2. 东南亚华侨华人祖籍地的地方志史料。如顺治《潮州府志》、嘉庆《澄海县志》等旧志书，以及《汕头市志》（新华出版社，1999）等新志书。著名侨乡江门的《江门市志》（广东人民出版社，1998）中还专设"华侨、港澳同胞"一卷，着重介绍了江门籍华侨及港澳同胞的情况。

3. 东南亚华侨华人编写的宗族与宗祠资料。如马来西亚槟州各姓氏宗祠联委会编的《槟州宗祠家庙简史》，对马来西亚华人宗祠，尤其是对槟州华人宗祠家庙有着较为详细的记录；又如《泰国郭氏宗亲总会成立50周年纪念特刊》等。

4. 东南亚国家的史志机构与华文媒体资料。主要来源包括新加坡口述历史中心、新加坡宗乡会馆联合总会、马来西亚华裔族谱中心、新加坡《联合早报》、印度尼西亚《印度尼西亚商报》、泰华各姓宗亲总会联合会、菲华各宗亲会联合总会等。

5. 网络田野调查。笔者充分利用互联网平台开展华人宗祠民族志的网络田野调查，在抖音、快手、小红书、贴吧等平台搜集了大量未公开出版或笔者团队未涉及的国家与地区的华人宗祠资料。同时，充分利用微信公众号，获得了诸如新加坡林氏大宗祠九龙堂的详细资料。

第三，各级侨务部门和国内东南亚研究机构出版物。如国务院侨办所属的华侨大学每年出版的《华侨华人蓝皮书：华侨华人研究报告》。除此之外，还广泛搜集我国关于"一带一路"建设的相关报告和白皮书，如《共建"一带一路"：构建人类命运共同体的重大实践》白皮书等。

二、研究思路及框架

第一章点明“一带一路”背景下研究东南亚华人宗祠建筑艺术的价值，梳理国内外学术界东南亚华人宗祠艺术研究的现状，指出当前东南亚华人宗祠研究的薄弱之处与本研究团队的创新之处。

第二章围绕东南亚华人的历史发展展开论述，详细阐释华人“下南洋”的原因及其分布情况。在此基础上，对东南亚华人的宗亲文化、宗祠建筑及其功能进行综合分析，得出一般性的结论，使读者对东南亚华侨华人文化的核心特征有一个整体了解。

第三章从“一带一路”对东南亚国家影响的角度出发，探讨在文明互鉴与文化多样性背景下，东南亚华人宗祠保护的历史与现实必然，同时指出宗祠在维系华人传统和文化特性方面的功能与作用。

第四章从外部形制和内部陈设两个方面展开，对东南亚华人宗祠的艺术特征进行剖析，概括东南亚华人宗祠的整体风格特征。

第五章选取不同风格的东南亚华人宗祠作为案例，剖析中式坛、庙、宇式祠堂，东南亚风格式祠堂及现代风格式祠堂等的空间分布和艺术特征，从而让读者对东南亚不同风格宗祠有更加细致深入的了解。

第四章与第五章是总分关系，第四章概括东南亚华人宗祠总体的艺术风格，第五章以典型案例分析第四章所涉及宗祠的主要风格，为读者提供从宏观到微观的视角，整体把握东南亚华人宗祠的建筑风格与艺术特质。

第六章为结语，再次回顾华人宗祠的基本特点，并展望“一带一路”背景下的华人宗祠与宗亲文化的未来发展。

第二章

东南亚华人社群历史与宗祠

移民海外是中国自古以来即有的现象，现今华人已遍布全球，华夏文明也随之传播至世界各地。其中东南亚是非常重要的华侨华人聚居地，华侨华人留驻当地旧称“住蕃”。有学者认为，“华侨华人”这个以母国籍为依归的概念应当是近代出现的。但这明显忽略了华人下南洋的历史，不足以涵盖华人在东南亚的历史存在。所以，朱杰勤认为：“我们研究华侨史最迟亦应以这种住蕃人为对象，回溯到公元10世纪甚至更早。”[1] 华人带着中华文明的种子到了东南亚，至今最少已经有上千年的历史。“民族是人们在历史上形成的一个有共同语言、共同地域、共同经济生活以及表现在共同文化上的共同心理素质的稳定的共同体。”[2] 鉴于东南亚的很多华人目前已经加入驻在国国籍，所以“华侨华人”在这里更多是指族群和文化上的定义。

在西方进入东南亚之前，以儒家文化为代表的华夏文明就已在此产生较深的影响，当然这不只是通过华侨华人

1 朱杰勤：《东南亚华侨史》，北京：高等教育出版社，1990年，第2页。

2 （苏联）斯大林：《马克思主义和民族问题》，载《斯大林全集（第2卷）》，北京：人民出版社，1953年，第305页。

的传播，也源自中国政府与东南亚各地的历史交往。华侨华人与当地居民相互融合，成为当地社区的一个组成部分，在文化传播方面起到了直接且持久的作用。华夏文明历史悠久，内涵深厚。作为华夏文明的后裔，华侨华人自然承载了这一文化基因。孝道是中国文化的重要组成部分，落叶归根观念在中国人心中根深蒂固。虽然祖先崇拜是历史上许多民族和文化都有的东西，但是中华文明最终形成了以血缘为纽带的宗法体系。这一宗法体系在世界上是很独特的存在，“敬天法祖”是其核心内涵。由此，“建立宗祠就成为生者沟通逝者的重要手段，祠堂由此成为祖先灵魂的居所”。[1] 可以说，宗祠及宗祠文化是孝亲文化和根意识的外在体现。近年来，随着我国对外开放，东南亚华侨华人回乡祭祖日益频繁。如泰国前总理英拉和他信就多次委托他人或者亲自回广东梅州祭祖。东南亚华侨华人不仅回中国祭祖，而且在驻在国建立了众多祠堂，这成为其一个非常鲜明的文化特点。

■第一节

华人在东南亚的历史

一、下南洋

按地理位置不同，东南亚国家大致可以分为两部分：一部分是

1 张锋：《宗祠：吉祥文化的象征》，《人民论坛》2013 年第 20 期。

中南半岛的越南、缅甸、老挝、柬埔寨、泰国、马来西亚的西马及马来半岛南端的新加坡，另外一部分是马来群岛的菲律宾、马来西亚的东马、印度尼西亚、文莱和东帝汶等。中国与东南亚国家的来往，历史悠久。像越南，在秦汉时期就已经与中国发生了密切的关系。中国人进入东南亚有两个途径：一个是陆路，一个是水路。尤其是后者，中国移民浮海南渡到南洋各个国家，形成了下南洋的格局。

众所周知，中国在封建时期和东南亚各国来往频繁，并且形成了宗藩体制中的朝贡关系。在西方殖民势力进入东南亚之前，中国在东南亚的影响很大。南宋以后，中国经济重心南移，海外贸易繁荣。许多商人开始大规模进入南洋。即便明清实行海禁，但是仍然挡不住这股潮流。东南沿海居民往往靠海为生，实施海禁实际上断了他们的生路。于是沿海居民被迫采取各种手段，抵制海禁。顾炎武于《天下郡国利病书》中指出："海滨民众，生理无路，兼以饥馑荐臻，穷民往往入海从盗，啸集亡命。""海禁一严，无所得食，则转掠海滨。"另外一些居民则采取潜逃（实则偷渡）的方式，前往南洋谋生。这在明代史书中多有记录。如《西园见闻录》："国初……两广、漳州等郡不逞之徒，逃海为生者万计。"《国榷》则明确指出："东南诸岛夷多我逃人佐寇。"虽然这些材料主要是记述我国东南沿海海盗产生的原因，但是也充分说明海禁无法阻挡下南洋的潮流。当然，明代朝廷与东南亚之间的关系并未断绝，著名的郑和下西洋，就发生在明成祖朱棣在位期间。所以，尽管中间有所反复，但是到"17 世纪中叶，随着明朝的崩溃和'满清'新王朝经过长期斗争重新控制了南方沿海省份，中国对东南亚的贸易在 17 世纪 80 年代重新呈上升趋势”。[1] 东南亚作为中国“海上丝绸之路”中的必经之地和主要贸易区域，与中国人尤其是中国商人建立了非常重要的联系。即便在西方殖民势力控制东南亚之后，华人的经济影响力在东南亚依然显著。华人在中国和东南亚关系中，不仅展现出经济上明显的优势，而且在技术上也占据了重要地位。以海外贸易所需的远洋帆船为例，18 世纪中叶，华人贸易商所需的大型帆船除在中国本土制造外，一些中国造船商还将制造技术带到了东南亚，暹罗（今泰国）投资造船，使暹罗成为当时中国海外造船业的中心。中国大型帆船经常出现在与东南亚国家的贸易之中，如 19 世纪初，在马来西亚东海岸与西岸的对外贸易中，时常可以见到总计吨位超过 3000 吨、不少于三艘的中国帆船活跃在贸易活动之中。

此外，由于我国封建社会后期生齿日繁，人多地少，许多人被迫背井离乡，下南洋讨生活。明朝时期，东南亚就已经形成较大规模的华人社会。清代海禁日严，许多华人无法归国，在东南亚形成了更多更大的华人社区。许多华人以务农为生，对东南亚农业、畜牧业的发展产生了重大影响。近代以后，“西方殖民者东来后，华侨农业有了很大的发展和变化，由自给自足维持生活所需的农业转向商品性生产，以供应国际市场的需要”。[2] 随着橡胶、甘蔗、烟草等的大规模商品化，相应的种植园需要大量的劳动力。很多契约华工被诱拐到东南亚，成为又一次华人下南洋的潮流。

在东南亚开矿也是华人南下的一个重要原因。在西方势力没有

1 （澳大利亚）安东尼・瑞德：《东南亚的贸易时代：1450—1680 年（第 2 卷　扩张与危机）》，吴小安、李塔娜、孙来臣译，北京：商务印书馆，2010 年，第 342 页。

2 吴凤斌主编：《东南亚华侨通史》，福州：福建人民出版社，1994 年，第 137 页。

完全控制东南亚之前，华人就在东南亚开采玉石、锡矿、银矿等矿藏，并且形成很大规模。著名的如兰芳公司，在东南亚活跃了100多年的时间。在此期间，华人从城市逐渐进入乡村，涉足东南亚工商业、农业、畜牧业、矿业等各个领域。除了巨商大贾外，华人小商小贩、工矿业个人、农民等遍布东南亚。

最后，躲避战乱或者政治原因也是华人进入东南亚的一个重要因素。王朝更替或者政治迫害，使大量的华人被迫迁移。如元朝在云南的残余势力躲入缅甸；1899—1900年，维新派发起“勤王”运动，对东南亚华侨华人产生很大影响，一定程度上促进了他们的民族觉醒。在此时期，东南亚华侨华人成立了各种团体，积极推动中文文化的传播。如缅甸的广智学会创办了缅甸第一份华文报纸《仰光新报》，并成立了缅甸第一所华侨学校——中华义学。[1] 清末革命党人流寓新加坡，同盟会就将南洋支部设在新加坡，后迁至槟榔屿（槟城）。后来，“‘凡有华侨所到之地，几莫不有同盟会会员之足迹’”，“在武昌起义爆发前后，新马各埠的同盟会员已达3万多人，成为南洋支援中国革命的重要力量”。[2] 不止革命党人，甚至一些海盗集团、犯罪分子在政府的打击下，也亡命海外。

归结起来，华人之所以进入东南亚，不外乎就是经济和政治两个方面的原因。

1 参见余定邦：《1899—1900年东南亚华商的“勤王”活动——读澳门〈知新报〉的有关报道》，《南洋问题研究》2007年第2期。

2 林军：《弘扬辛亥革命精神 团结联系广大华侨 为实现中华民族伟大复兴不懈奋斗——纪念辛亥革命100周年》，《求是》2011年第18期。

二、华人在南洋的人数变迁

华人下南洋目的是求生存，最初是短暂停留。后来才在种种缘由之下，定居南洋。但是，故土始终是华人心目中的根。

朱杰勤先生将华人在东南亚的历史分为三个时期，即“(1)由公元前后到15世纪(约由汉到明)；(2)由16世纪到19世纪前半期(由西方殖民者侵入东南亚之始到鸦片战争)；(3)由19世纪后期到20世纪前半期和中华人民共和国建立后到现在”。[1]这与吴凤斌主编的《东南亚华侨通史》划分的历史时期大概相同。朱杰勤认为鸦片战争后是华人下南洋的高潮时期。笔者将中华人民共和国成立前的华人下南洋大体分为三个阶段：第一阶段，明末以前；第二阶段，明末到鸦片战争前；第三阶段，鸦片战争后到中华人民共和国成立前。

第一阶段因史料不足，华人数量不详。

第二阶段可分为两个时期。第一时期为明末，据估计，“明末东南亚地区的华侨人口当在10万人以上”。[2]其中，华人人口最多的是菲律宾与缅甸，人数均在2万人以上，其他如爪哇岛约1万人，马来半岛吉兰丹、暹罗北大年均有数千人，柬埔寨也有一定规模的华人。这一时期，在东南亚的华人以经商为主，其余则为工匠。第二时期为西方入侵东南亚后，东南亚华人数量发生了显著变化。一是数量猛增，鸦片战争前夕东南亚华人数量达到了150万人左右。二是华人分布国家发生变化。暹罗华人数量跃居首位，在90万—100

1 朱杰勤：《东南亚华侨史》，北京：高等教育出版社，1990年，第4页。

2 吴凤斌主编：《东南亚华侨通史》，福建人民出版社，1994年，第246—247页。

万之间；其次是印尼爪哇与婆罗洲，数量分别为 11.5 万—12 万和 15 万；再次是缅甸，华人数量约 11 万—13 万；第四是越南，有 10 余万；第五是马来西亚诸岛，人数在 5 万左右；菲律宾在受殖民者残酷迫害后，华人人数锐减至约 7000 人。这一时期，东南亚华人的职业构成也发生重大变化：约 40% 华人从事种植业，三分之一从事商贸，其他则为工匠或其他职业。

第三阶段，情况比较复杂，也可以分为几个时期。第二次鸦片战争后，清廷被迫容许华工出洋。1893 年，经薛福成建议，清政府正式取消海禁，容许华人自由出洋。资本主义列强控制的南洋需要大量劳工、商贩与华人资本，契约华工、华商等大量出海。到 1920 年，东南亚华人数量达到约 510 万人。具体所在国家与人数详见下表：

表 2-1　东南亚华人数量及分布（1920 年前后）

国别	人数（万）
印度支那三国（今越南、老挝、柬埔寨）	29
暹罗	250
缅甸	19
马来亚（今马来西亚、新加坡）	117
印尼	81
菲律宾	13
其他	1
合计	510

据《东南亚华侨通史》第 276 页表格

这一时期的华人职业构成中，除了部分华人（以闽籍华人为主）

继续从事航海、贸易和商业外，大多数的东南亚华人从事普通劳工工作，占比达 90% 以上，还出现了少量公职人员、艺术从业人员等。二战前，东南亚经济快速发展，华人继续大量南下。根据庄国土先生推算，“到太平洋战争爆发时，东南亚华人至少在 700 万以上，分布在数以千计的东南亚华人社区。第二次世界大战结束初期，华人再次大规模前往东南亚,但不复第二次世界大战前盛况”。[1] 新中国成立后，因为政策等因素，华人出海定居基本停滞。至 1950 年代初，东南亚华人总数约在 1080 万—1170 万之间，约占海外华人总数的 90%。

总而言之，华人浮海南下自古有之，第一阶段人数不多，第二、三阶段随着情势的变化数量逐渐增加。19 世纪末，华人逐渐定居东南亚，形成数量众多的海外华人社区。但是，新中国成立前，多数华人还是保留了中国国籍。就他们所从事的行业而言，海外贸易与商业仍然占有极其重要的地位，但是在劳动密集的种植业、农矿业等行业中，华人数量占有较大比例。

■第二节

乡缘与血缘：宗乡会馆及宗祠的起源与发展

华人移居东南亚国家者多数为近海居民，最多的来自广东，其次是福建和广西。迁往陆地国家者则多来自云南、贵州、广西等地，形成了散布于东南亚的闽南、潮州、客家、广肇、琼州等五大华侨

1　庄国土 :《世界华侨华人数量和分布的历史变化》,《世界历史》2011 年第 5 期。

族群。华侨华人早期进入南洋各国即成聚居态势，多为同乡或者同宗同族，一人移居扎根后，其同村同宗之人便接踵而至。“讲福州话的福建人，就聚集在沙捞越的诗巫。讲厦门话的福建人，就去菲律宾和马来亚。讲潮州话的汕头人，就去暹罗、苏门答腊和马来亚。很多客家人去了婆罗洲。”[1] 异国他乡，生存不易，组织起来共同应对，成为他们的生存策略。

华人组织中最多的就是宗亲会、同乡会与同业公会（或者商会），甚至出现了一些秘密社会团体。这些组织就是依托于血缘或者乡缘而成立的，甚至许多商会也是以血缘为基础的。所以，在华人组织中，宗亲会显得很重要，甚至是基础性的。这是东南亚华人社会一个很重要的特点，否则很难理解东南亚华侨华人的社会组织网络。“宗亲会是以同宗为基础结合而成的团体，同宗通常互称‘本家’。”[2] 依据现有资料，东南亚大规模出现较为成熟的宗亲组织是在 19 世纪。新加坡最早设立的华侨华人血缘型组织是 1819 年的曹家馆，马来西亚则为 1825 年在马六甲设立的江夏堂黄氏宗祠。整个 19 世纪，新马地区有 32 个宗亲会。[3] 菲律宾最早的宗亲会是福建人的四知堂，约设立于 1877—1879 年间；缅甸的陇西堂设立于 1861 年；泰国的沈氏大宗祠创建于 1885 年。此后的两个多世纪中，虽然各国政府对待华人的态度有所波动，但华人社会的宗亲组织一直延续不息。诚如梁基毅所言：“海外宗亲会多于同乡会，而且这血缘性组织所服务对象的联谊，是涵盖全国各地各行各业，该组织定位为各地区、各行

1 蔡少卿：《中国秘密社会》，杭州：浙江人民出版社，1989 年，第 360 页。

2 黄滋生、何思兵：《菲律宾华侨史》，广州：广东高等教育出版社，1987 年，第 310 页。

3 林远辉、张应龙：《新加坡马来西亚华侨史》，广州：广东高等教育出版社，1991 年，第 257—258 页。

图 2-1　泰国沈氏宗亲总会

业同一姓氏的总和。”[1] 虽然由于现实和历史的原因，各国宗亲组织大小规模各不相同，但是大多都具有这一特点。笔者根据相关资料和东南亚各国华人社团网站，作了一个不完全的统计，详见下表：

表 2–2　各国宗亲会（及相关社团）数量一览

国别	数量	备注
新加坡	111 个	其中新加坡宗乡会馆联合总会下属宗亲会 100 个

1　梁基毅：《海外宗亲会与大陆宗祠族谱文化》，茂名外事侨务网：http://mmwqj.maoming.gov.cn/Article/ShowArticle.asp?ArticleID=1412。

续表

国别	数量	备注
马来西亚	460 余个	涵盖宗亲总会与各地宗亲会
印度尼西亚	58 个	
泰国	泰华各姓宗亲总会联合会下属 64 姓宗亲总会成员	有全国性宗亲总会联合会
菲律宾	菲华各宗亲会联合总会下属活跃宗亲会 35 个	有全国性宗亲总会联合会
柬埔寨	15 个	
越南	不详	有莫、李、邓、梁、阮、黄等多个姓氏宗亲会
老挝	不详	有老挝中华理事会，属于全国性华人社团，不是宗亲会
缅甸	不低于 60 个	华人社团多以寺庙形式存在
东帝汶	尚未见	
文莱	无	

制表依据：新加坡数据来源于梁基毅《海外宗亲会与大陆宗祠族谱文化》和新加坡宗乡会馆联合总会官网相关数据；马来西亚数据来源于马来西亚华裔族谱中心；印度尼西亚数据来源于《印度尼西亚商报》官网；泰国数据来源于泰华各姓宗亲总会联合会官网；菲律宾数据来源于菲华各宗亲会联合总会官网；柬埔寨数据来源于《在柬华人回国前忙“聚会”祝福来年有个好前程》；缅甸数据来源于杜温《缅甸华人庙宇：连接缅甸与东南亚和中国的寺庙信任网络》；其余国家数据主要来源于中国侨网及涉华网站相关数据。

通过上表，我们可以看出当代各国华侨华人宗亲组织的一般情况，同时也可以看出华侨华人宗亲组织在各国发展的不平衡情况。新加坡、马来西亚、印度尼西亚、泰国、菲律宾及柬埔寨等国，华侨华人的宗亲组织最多；其他国家则由于各种原因，宗亲会组织的

图 2-2　马来西亚槟城世德堂谢公司

发展较为滞后。此外，一些国家还形成了宗亲总会和各姓宗亲联合会。就宗亲会成员构成而言，主体是同一姓氏，也有一些联宗宗亲会，比如马来西亚槟城的刘关张赵古城会馆。

宗亲会并不等同于宗祠，但是拥有一个或者数个，甚至数十个宗祠。根据现有资料，目前难以确定东南亚华人宗祠的具体数量。但大致可以确定，东南亚各国华人宗祠数量趋势大体与华人宗亲会的数量趋势相近，这与华侨华人所在国的国情与政策有莫大关系。仅就马来西亚言之，自1745年华人开始迁居槟州，200余年内，170个血缘性组织陆续创立，数量为马来西亚之首。其血缘性组织呈现出以下几种类型：

1. 以单一家族血脉为纽带的组织，如“纪氏家庙”；

2. 强调会员必须同姓同乡的组织，如“槟城王氏玉坂社”；

3. 会员同姓同籍贯的组织，如“槟城海南陈氏祠”；

4. 仅以同姓为纽带的组织，如“北马余氏宗亲会”；

5. 数姓联宗的组织，如“大山脚苏许连颜谭巫宗祠”。[1]

概括而言，主要有“公司”“家庙”“宗祠”“堂号”“社”“家族会”“宗亲会”“公会”等名称。据考证，槟城最早的宗祠当数成立于1810年的颍川堂陈公司和卿田堂尤公司。笔者曾经实地走访槟城华人宗祠，并结合当地宗祠联合会所编资料，可以确定马来西亚华人宗亲会很多实际上是宗祠组织的外部名称。其他如泰国等东南亚国家的华人宗亲会也大体如此。2020年，马来西亚仙境集团专门建设了“宗祠街”，目的是让华裔后代能齐聚一堂，追思和缅怀先人。“32座独立式建筑物，供各籍贯宗祠去宣扬自己优秀的文化和特点，也能让年轻一辈更了解会馆的由来。”[2] 该宗祠建筑群，实际上还具有华人义山的功能。总体而言，东南亚华人宗祠作为血缘纽带，不管是什么名称，其核心性质皆是祖宗祭拜之所。

1 （马来西亚）槟州各姓氏宗祠联合会：《槟州宗祠家庙简史（上集）》，槟州各姓氏宗祠联委会，2013年，第12页。

2 《马来西亚廖氏宗祠成立 助力华人宗亲文化传承》，中国侨网：http://www.chinaqw.com/hqhr/2020/07-14/262930.shtml。

■第三节

宗亲会与宗祠在华人社群中的社会功能

华人宗祠往往与宗亲会紧密相连，华人宗祠是宗亲会活动的平台。要深入理解华人宗祠，首先得清楚华人血缘与族缘组织的运转及其功能。费孝通先生指出："中国的整合观念是垂直的，是代际关系。在我们的传统观点里，个人只是构成过去的人和未来的人之间的一个环节。当前是过去和未来之间的环节。中国人的心目中总是上有祖先下有子孙，因此一个人的责任是光宗耀祖，香火绵绵，那是社会成员的正当职责。"[1]宗亲会所起的作用必然是与祖宗有关的，其次才是基于此的其他社会功能的实现。故此，海外华人社会，包括东南亚华人社会，在以血缘为根本的前提下，无论是宗亲会还是其掌握的华人宗祠，受传统观念驱使，其首要的功能就是祭祖。

一、祭祖

宗亲会作为联结同宗的纽带，主要起到凝聚族群、追根溯源的作用。这一点在各宗亲会馆的立会宗旨中均有体现。泰国林氏宗亲总会的宗旨就是：联络本姓氏同乡，发扬团结、互助的优良传统。

1 费孝通：《经历·见解·反思》，载《费孝通全集（第十二卷）》，呼和浩特：内蒙古人民出版社，2009 年，第 434 页。

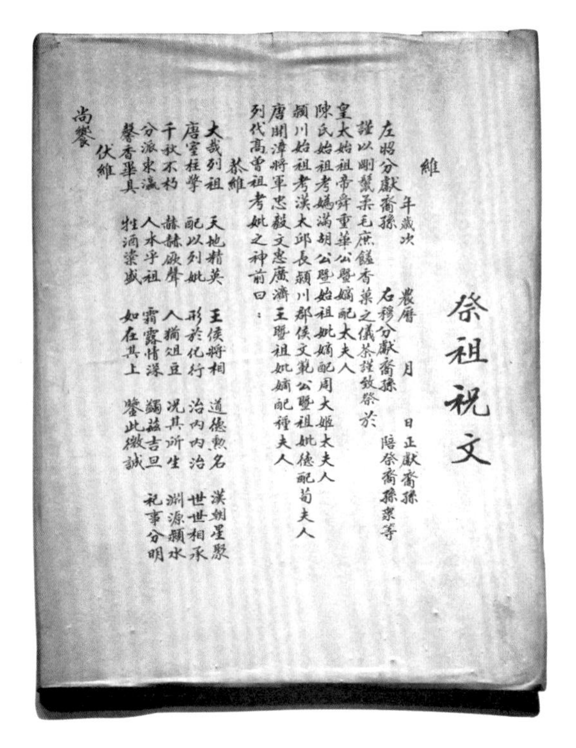

祭祖祝文

維 年歲次 農曆 月 日正獻裔孫
左昭分獻裔孫 右穆分獻裔孫 陪祭裔孫眾等
謹以剛鬣柔毛庶饈香菓之儀茶譔致祭於
皇太始祖帝舜重華公暨嫡配太夫人
陳氏始祖考媯滿胡公暨始祖妣嫡配周大姬太夫人
潁川始祖考漢太邱長潁川郡侯文範公暨祖妣德配荀夫人
唐開漳將軍忠毅文惠廣濟王暨祖妣嫡配種夫人
列代高曾祖考妣之神前曰：
恭維
大哉列祖 天地精英 王侯將相 道德勲名 漢剡星聚
唐室桂擎 配以列妣 形於化行 治內內治 世世相承
千秋不朽 赫赫厥聲 人猶俎豆 況其所生 淵源潁水
分派東瀛 人本乎祖 霜露情深 竊茲吉旦 祀事分明
馨香畢具 牲酒粢盛 如在其上 鑒此微誠
伏維
尚饗

图 2–3 马来西亚吉隆坡陈氏书院祭祖祝文

柬埔寨江夏黄氏宗亲总会宗旨则为：造福族人，团结宗亲，缅怀祖德以致光造宗枝，敦亲睦族，弘扬家训，薪火相传。

所以，祭祖活动在东南亚华侨华人中很兴盛。跟国内一样，华侨华人的祭祖活动大多保持了传统，多数和祖籍地祭祖方式相通。有宗祠或者会馆的话，往往极其隆重，有着比较严格的程式；即便没有宗亲会馆或者宗祠，许多华人家庭也设有神龛，以家庭形式祭祖或者祈神。

此处举两例宗亲会在祠堂祭祖的仪式。

据陈达所载，民国二十三年（1934 年）潮州某华人社区的冬至祭祀典礼，仅通唱、引唱程序就有 20 项，仪式繁复。不过总体来说，流程可分为以下六步：第一步，起鼓，开中门，祭祀者就位并盥洗；第二步，上香、迎神；第三步，奏乐，依次初献礼、亚献礼、三献礼，中间每次三叩首并祝文；第四步，神主饮食，饮福酒、受福胙；第五步，焚祝文，燃燎（其时为放鞭炮）；第六步，辞神、撤馔、礼毕。[1] 当时南洋华侨华人的祭祖仪式大致如此。也有些因所处区域有所变化，如东印度群岛部分区域的华人孝子概因气候原因，虽穿白孝服但光脚。大体来讲，华侨华人祭祖的仪式感更强，守旧、传统。

2003 年泰国黄氏大宗祠举办的祭祖大典流程则为：1. 放礼炮（大企炮三响）；2. 起鼓：一通鼓，二通鼓，三通鼓；3. 开中门：奏乐（八仙）；4. 主祭者就位；5. 全体肃立；6. 盥洗；7. 上香；8. 瘗毛血；9. 奏乐；10. 行初献礼；11. 读祝；12. 奏乐；13. 行亚献礼；14. 奏乐；15. 行三献礼；16. 侑食；17. 诵嘏辞；18. 读祝者供祝，司帛者焚帛；19. 望燎，鼓乐，主祭者至炉脚望燎；20. 送神；21. 撤馔，礼毕；22. 放炮（放喜炮）。[2]

两相对比，虽时隔近 70 年，但海外华侨华人在祭祖仪式上没有多大变化，仍然保持了旧有的传统。新中国成立后，即使多数东南亚华人已入籍所在国，其对于祖宗的认同依旧根植于心。这是华侨华人认同自己族群的一个重要体现。

祭祖之外，维系血亲关系的另一种方式就是编撰族谱，将同姓族人收录其中。东南亚华人很重视家族谱系的建设。西安工业大学白军芳教授在新加坡南洋理工大学访学时，拜访了新加坡白氏公会。

1　陈达：《南洋华侨与闽粤社会》，上海：商务印书馆，1939 年，第 280—281 页。

2　西瓜飞飞：《黄氏宗祠祭祖仪式》，凤凰网博客：http://blog.ifeng.com/article/1434896.html。

图 2-4　马来西亚槟榔屿潮州会馆（韩江家庙）内部

作为一个异国同姓者，她受到了当地白氏族人的热烈欢迎。餐叙之后，她参观了白氏公会会所："这间 30 平方米的地方（会客厅——笔者注）摆满了来自世界各地的白氏宗族的交流的奖牌、奖杯、来往的礼品、互相赠送的家谱和书籍，高高低低围着屋子墙装了半屋。""从柜子里取出那本厚厚的《白居易家谱》，查找目录、序列，在林林总总、大大小小的名讳中，终于发现'白军芳'三个字。"[1] 族谱成为东南亚华人联结血缘宗亲的纽带，帮助其加强族群认同，拉

1　白军芳：《走进白氏家谱》，《红豆》2018 年第 7 期。

近海内外华人的情感距离。新加坡华人宗亲会依托宗祠修编了大量族谱。“根据新加坡的实际情形，华人族谱主要可以分为直系家族族谱、联宗宗谱、族谱资料性质的宗亲会纪念特刊等三大类。”[1] 新世纪以来，“新加坡家族史谱写比赛”的大量参赛作品被“新加坡记忆工程”网站收录。[2] 21 世纪初，新加坡的华人族谱大概有近百种。事实上，华人聚居的地方，尤其是华人地位较高的国家，普遍重视族谱编撰。

二、其他功能

除了祭祖，宗亲会还有团结族人、扶助族人、宣扬教化、倡学及为宗亲婚丧嫁娶等公共活动提供场所等功能。相对于国内的宗亲会和祠堂而言，在一般性功能之外，海外宗亲会在以下几个方面显得特别重要：

第一，对于母国和中国文化的认同。未入籍的华侨普遍将中国视为母国。“由于离乡背井，到的是英国、法国、美国或荷兰等国的殖民地，他们才第一次意识到自己是‘中国人’。”[3] 所以，华侨华人对中国有着强烈国家认同。最典型的就是在辛亥革命、抗日战争和新中国成立等历史事件中，很多华侨华人怀着爱国之心，为国家做了很多事情。

此外就是对中国传统文化的认同。“我们虽离国多年，但是有些

1 刘云、李志贤：《二战后新加坡华人族谱编纂研究》，《闽台文化研究》2015 年第 2 期。

2 参见邢永川、韦守：《新加坡华人谱牒的传播特征与价值》，《文化与传播》2020 年第 5 期。

3 王付兵：《二战后东南亚华侨华人认同的变化》，《南洋问题研究》2001 年第 4 期。

礼节，还愿意保存祖国的旧文化。”[1]在各个宗亲会的宗旨中，这种文化认同十分突出。中国的宗教和民间信仰也广泛传入东南亚。“在海外华人社会中，为了维持原有的宗教信仰和仪式传统，通常在定居之初就开始创建华人义山和庙宇、祠堂。”[2]即使在二战后华侨华人大规模入籍东南亚的背景下，中国文化认同仍然是华人族群认同的重要组成部分。印尼孔教会、新加坡对儒家文化现代价值的推崇，均体现了这一点。新加坡吴德耀撰文指出：“华族后裔无论在海内外，年纪无论大小，多多少少受到儒家思想的熏陶，因为儒家思想是中华文化的主流，由身教、言教、口传，一代一代地传下来，甚至一丁不识的人，也可以引一两句孔子或孟子的话。”[3]但是随着世代更替，这种认同也在发生变化。老一代还在继续缅怀故土，但许多年轻一代因为未受华文教育，对于中华传统文化存在一定隔阂。

即便如此，20 世纪 90 年代以来，“各地侨乡竟（竞）相举办名目繁多的以祖籍认同、姓氏认同为号召的联谊会、恳亲会等等。1997 年，同安、安溪分别举办了世界同安籍、安溪籍乡亲恳亲会；1995 年潮州举办世界潮汕籍乡亲联谊会均为其例。简而言之，这种以祖籍地认同为主的跨国主义（Transnationalism）凸显了‘地方’在全球一体化中的‘异化’（Alienation）作用”。[4]祖籍和姓氏认同，表明华人在族群认同上，仍然努力坚持传统，试图通过祖籍和姓氏

1 陈达：《南洋华侨与闽粤社会》，上海：商务印书馆，1939 年，第 283—284 页。

2 郑莉：《明清时期海外移民的庙宇网络》，《学术月刊》2016 年第 1 期。

3 （新加坡）吴德耀：《儒家思想与企业管理》，载《儒学与工商文明》，北京：首都师范大学出版社，1999 年，第 125 页。

4 范可：《“海外关系”与闽南侨乡的民间传统复兴》，载《改革开放与福建华侨华人》，厦门：厦门大学出版社，1999 年，第 159 页。

的纽带，增强与华人文化和祖籍地的联系。而无论是联谊会还是恳亲会，往往以血缘和乡缘为纽带，祭拜祖宗则是在宗祠这一血缘核心载体中实现的。

第二，倡导华夏文化，建立学校以利传播。东南亚华人特别重视文化教育。"相对地，与其他地区相比，华文学校创办时间最早，学校数量最多，教学体制正规，教学水平较高，华文教育的热情也最高。"[1]事实上，华侨华人很早就设立私塾进行华文教育。19 世纪末 20 世纪初，开始较大规模地建立现代化学堂。包括宗亲会在内的华人社团非常重视教育事业的开展。在华侨华人经济实力较强的新加坡、马来西亚、菲律宾、泰国及印度尼西亚等国，华人学校的发展较为迅速。但是在二战后，东南亚国家出现排华现象，华人学校发展受到很大制约，导致部分国家华裔年轻人对华文的掌握程度有限。即使在教育较为发达的马来西亚，华文学校的发展也面临一定困境。但是，老一辈华侨华人在华文教育方面的努力使之得以延续。许多宗乡会馆，尤其是宗亲会，持续在教学方面作出贡献。即便是一些经济实力不足的宗亲会，也会设立奖学金资助宗亲接受华文教育。在华人占主体的新加坡，英语是官方语言，但是从 20 世纪 60 年代起也开始推行普通话和简化字教育。宗乡会馆在其间发挥了重要作用。它们"因此转变角色，肩负起了传承文化和传统的使命，除了继续在华人传统节日举办庆祝活动，会馆还以设立奖助学金的方式继续支持教育"。[2]新加坡宗乡会馆联合总会就独立或与有关部门合

1 谭天星、沈立新撰：《海外华侨华人文化志》，上海：上海人民出版社，1998 年，第 35 页。

2 欧雅丽：《世纪跨越：华社、华团、华报》，新加坡宗乡会馆联合总会官网：https://sfcca.sg/2019/10/30/ 世纪跨越：华社、华团、华报 /。

图 2-5　马来西亚槟城世德堂谢公司育才学校

图 2-6　马来西亚槟城文山堂邱公司惜馀学堂

图 2–7　马来西亚槟榔屿潮州会馆《槟榔屿潮州总坟暨潮州先贤之墓碑记》

作设立了宗乡总会学士课程资助金、新加坡宗乡会馆联合总会奖学金、华助会—宗乡总会助学金等三项助学金。同时，还设置了中华语言文化基金以提升新加坡华人汉语水平。菲律宾“华社内部，典型的福利则是宗亲会与同乡会向同宗、同乡子女发放奖学金和清寒学生助学金。奖学金是向成绩优秀之同宗子女发放；清寒学生助学金则提供给同宗家庭条件困难之学生。目前，各宗亲会与同乡会都将这两项作为工作之重点”。[1]

第三，敦睦宗族，扶危救困。海外华人往往需要团结互助，为宗亲提供相应的援助，这也是许多宗亲会设立的初衷。许多华人宗亲会提倡互助、团结的宗旨，给予一些有需要的宗亲力所能及的帮助，并为去世宗亲提供埋葬义山的服务。马来西亚、菲律宾、泰国等国均建有大量的义山。马来西亚的义山组织很发达，许多就归属宗亲会管理。义山对于推动宗亲会的发展起了很大作用。除此以外，宗亲会设有奖学金，定期资助有志于学、品学兼优的宗亲。有的宗亲会还设置了慈善机构，发展产业，有宗亲会专有土地，专门用于扶助有难宗亲及支持宗亲会事务。

第四，团结人脉，为商业开路。“宗乡会馆虽不是经济组织，但它和各种业缘组织有着十分密切的联系。它所形成的人际关系对于整个社会的安定和经济的发展，起着不可低估的作用。”[2] 华人下南洋多为谋生活，所以经济上的考虑也是他们组建宗乡会馆的重要动因之一。改革开放以来，许多华侨华人宗亲会与其他社团联合组团参

1 朱东芹：《菲律宾华侨华人社团现状》，《华侨大学学报（哲学社会科学版）》2010 年第 2 期。

2 丘立本：《从历史的角度看东南亚华人宗乡组织的前途》，《华侨华人历史研究》1996 年第 2 期。

访大陆，在祭祖的同时，也带回大量商机和创业机会。在不少海外宗亲会的网站上，还专门设置了投资相关的栏目或者版块。在与所在国政商各界交往中，宗亲会也发挥了重要作用，为成员发展工商业提供了广阔的人脉，起到了搭台、商业开路的作用。如泰国郭氏、王氏等宗亲会发行的纪念特刊上，其最后部分都不忘介绍本族宗亲的企业。泰国影响力较大的华人家族企业与当地政商各界都保持了非常密切而友好的关系，为宗亲的商业拓展提供了良好的环境。

第五，争取与维护族群权益。华人宗乡会馆的设立对于华人族群意义重大。“正是这种对宗亲、故土的认同，构成了共同族群意识的基础。”[1] 如果没有早期会馆的设立，就不会有今天繁荣的华人社群。然而，由于各国政府对待华人态度不同，华人融入当地社会程度也有所不同。总体而言，华人在政治上不够积极，这与华人宗亲会的影响不无关系。如泰国一些宗亲会就明确保持政治中立。重经济，轻政治是华人较为普遍的心理。但是，20 世纪华人在东南亚一些国家遭到迫害甚至被屠杀是不争的事实。所以，如何有效维护族群权益，就是一个很重要的议题。目前一些国家的华人通过组建政治团体，已经较为广泛地参与到当地的政治建设中，努力维护华人的权益。在群众基础上，宗乡会为其提供了重要支持。

1 庄国土：《论东南亚的华族》，《世界民族》2002 年第 3 期。

第三章

『一带一路』倡议及其对华人宗祠建筑的影响

第一节
“一带一路”倡议与东南亚

2013年9月、10月，习近平总书记在哈萨克斯坦与印度尼西亚相继提出共建“丝绸之路经济带”和“21世纪海上丝绸之路”倡议。共建“一带一路”倡议着眼于构建人类命运共同体，坚持共商、共建、共享原则，为推动全球治理体系变革和经济全球化作出中国贡献。

“一带一路”倡议提出以后，在深化与沿线各国之间的政策沟通，重塑世界贸易格局，促进全球互联互通，推动世界经济增长等方面都发挥了重要作用。“一带一路”倡议开创性地融合了各参与方的智慧与力量，搭建新的世界贸易平台和贸易机制，改变了参与方经济合作模式。作为互利共赢的机制，“一带一路”倡议为“各方加强双边或多边沟通和磋商，共同探索、开创性设立诸多合作机制，为不同发展阶段的经济体开展对话合作、参与全球治理提供共商合作平台”。[1]它不仅改变了“一带一路”参与方的经济发展现状，亦为其经济发展带来了美好愿景。根据世界银行报告，共建“一带一路”使参与方贸易增加4.1%，吸引外资增加5%，并使低收入国家GDP增加3.4%。受益于“一带一路”建设，2012—2021年，新兴与发展中经济体GDP占全球份额提高3.6个百分点。世界银行测算，到2030年，共建“一带一路”每年将为全球产生1.6万亿美元收益，占全球GDP的1.3%。2015—2030年，760万人将因此摆脱绝对贫困，3200万人将摆脱中度贫困。

作为“海上丝绸之路”的重要节点，东南亚无论从历史还是现实角度，都与中国有着十分紧密的联系。中国高度重视与东南亚各国和东盟之间的关系，将其作为共建“一带一路”倡议的重点区域之一。“21世纪海上丝绸之路”倡议是习近平总书记在印度尼西亚国会演讲时首先提出来的。2013年10月3日，习近平在《携手建设中国—东盟命运共同体》的演讲中提出：“东南亚地区自古以来就是‘海上丝绸之路’的重要枢纽，中国愿同东盟国家加强海上合作，使用好中国政府设立的中国—东盟海上合作基金，发展好海洋合作伙伴关系，共同建设21世纪‘海上丝绸之路’。中国愿通过扩大同东盟国家各领域务实合作，互通有无、优势互补，同东盟国家共享机遇、共迎挑战，实现共同发展、共同繁荣。”中国与东南亚各国基于“一带一路”倡议的合作是建立在共商、共建、共享原则之上的，它不是封闭的，而是开放包容的。

“一带一路”倡议提出以来，中国与东南亚国家的经贸往来总体

1 《共建“一带一路”：构建人类命运共同体的重大实践》白皮书，中华人民共和国国务院新闻办公室：http://www.scio.gov.cn/zfbps/zfbps_2279/202310/t20231010_773682.html。

呈现上升趋势，与东盟国家的经贸往来增速超出我国全球外贸平均增速，中国已经成为东盟第一大贸易伙伴。根据商务部统计："2013年以来，中国与东盟贸易年均增速 8.8%，高出同期中国整体年均增速 3.8 个百分点。2023 年，双边贸易继续增长，规模达 6.41 万亿元，东盟连续 4 年保持中国第一大贸易伙伴地位，中国也连续多年为东盟第一大贸易伙伴。"[1] 目前，中国与东盟国家互为对方第一大经贸伙伴。2023 年，中国全年进出口总额为 41.76 万亿元，其中东盟各国与我国的外贸额占到了 13.4%。2023 年，我国与共建"一带一路"国家之间的外贸总额为 19.47 万亿元，其中东盟国家与我国的外贸总额占比 32.92%，大体占到了我国与共建"一带一路"国家之间贸易额的约三分之一。另据中国驻东盟使团经济商务处统计数据：2023 年 1—8 月份，与我国保持紧密经济联系的东盟国家，前三位分别是越南、马来西亚和印度尼西亚。[2] 实际上，就东盟成员国而言，与中国的外贸往来大体呈现出逐年递增的趋势。下图为东帝汶、菲律宾、柬埔寨、老挝、马来西亚、缅甸、泰国、新加坡、印度尼西亚、越南等 10 个东南亚国家 2015—2023 年与中国的进出口贸易曲线图。

1 《2023 年中国与东盟、RCEP 其他成员国及"一带一路"沿线国家贸易情况》，中国驻东盟使团经济商务处：http://asean.mofcom.gov.cn/zgdmjm/tj/art/2024/art_89f1d30c70f44de1863c08fed2f3291c.html。

2 《2023 年 1—8 月中国—东盟贸易简况》，中国国际贸易促进委员会官网：https://www.ccpit.org/indonesia/a/20230918/20230918kxxw.html。

表 3-1　东南亚 10 国与中国贸易曲线图（2015—2023 年）

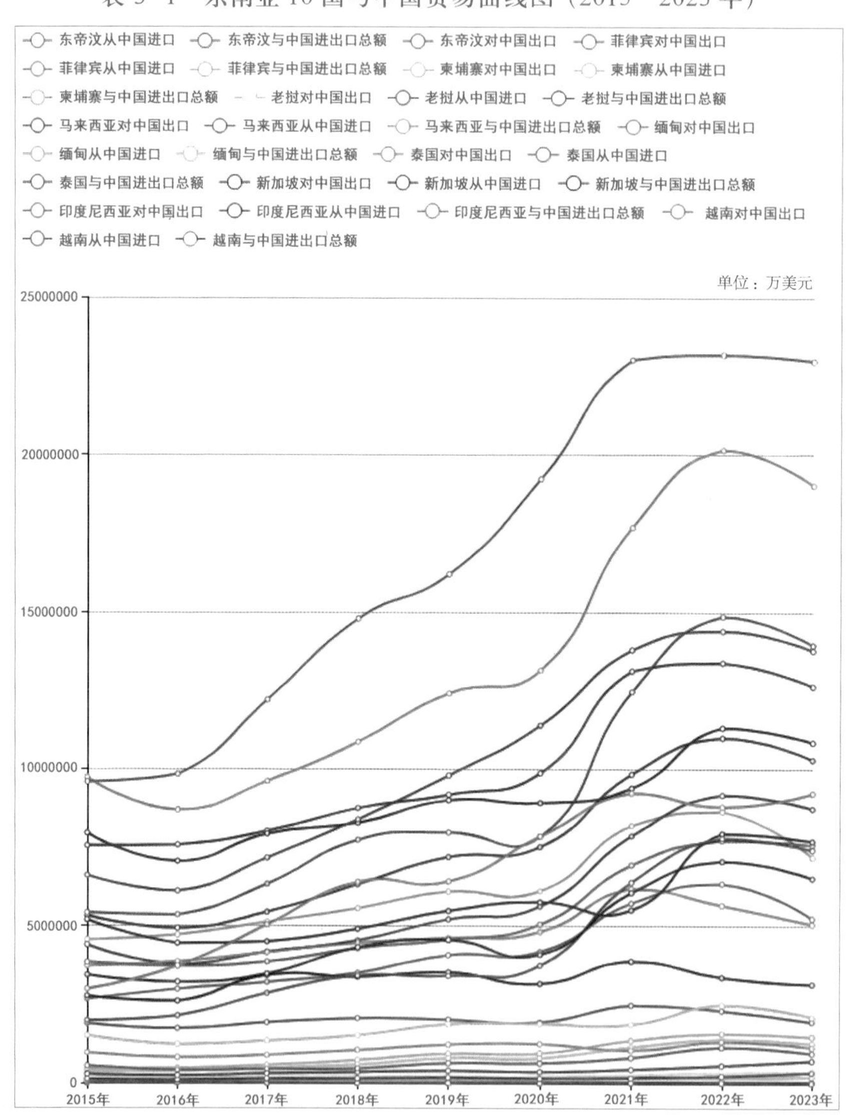

制图依据：根据国家统计局数据制作

图中数据的起始年份为2015年，即我国提出“一带一路”倡议后。在2015—2023年间，我国与东南亚各国之间的经贸往来虽然在某些年份有小幅波动，但是总体呈现出正增长趋势。

中国与东南亚国家在共建“一带一路”倡议中的合作是全方位的。在发展战略上，双方相向而行，中国与东盟共同体建设、东盟成员国发展战略不断增强对接、融合。东盟先后出台了《东盟互联互通总体规划2025》、东盟印太展望等重要文件，对内统一了东南亚各国的发展共识，对外推动了与“一带一路”倡议的战略对接，从而在整体上形成中国—东盟合作的基础。在中国与东南亚的关系中，“双轨路径”成为显著特征，即一方面是中国与东南亚各国的双边关系，另一方面是中国与东盟的整体关系。“双轨路径”是东南亚成为共建“一带一路”样板地区的重要原因。

在合作领域中，中国与东南亚国家不仅在经贸往来方面成绩卓著，在金融、数字经济、旅游、教育、文化等领域均开展了务实合作，为双方民众带来了实实在在的益处。以教育为例，在中老铁路的建设与发展中，中国接受了很多来自老挝的留学生学习轨道交通专业，不少留学生学成归国后，就职于老中铁路有限公司。良好的就业机会和前景是吸引“一带一路”沿线国家学生来华留学的一个重要因素。老挝琅南塔省教育厅副厅长凯欧·苏埃松巴斯提到：“我们学成归国的留华学生就业率达100%，他们是中国—东盟教育交流周的受益者。”[1] 教育领域的务实合作在共建“一带一路”中发挥了重要作用。

1 《2023中国—东盟教育交流周展现共建“一带一路”倡议新气象——教育架起守望相助“民心桥”》，《中国教育报》，2023年9月5日第1+3版。

■第二节

“一带一路”与东南亚华人社群

一、东南亚仍然是华侨华人最主要的聚居区域

东南亚作为海外华侨华人最主要的聚居区域，东南亚华侨华人曾经占到海外华侨华人总数的 90% 以上。即便近年来东南亚华侨华人的比例有所下降，但该地仍然是全球华人最为集中的区域之一。对于东南亚华人数量，目前没有一个准确的数据。庄国土指出：“对 21 世纪初华侨华人数量的估算，从 3000 万到 8700 万都有。导致中国对华侨华人数量大多用‘几千万’的含糊提法。”[1] 根据《华侨华人蓝皮书：华侨华人研究报告（2019）》估计，截至 2017 年，在东南亚的华侨华人达到了 4200 万左右。具体数据见下表：

表 3-2　东南亚国家人口、华侨华人数量表[2]

单位：万人、位

国家	2017 年人口总数	世界排名	华侨华人数量	世界排名 *
印度尼西亚	26399.1	4	1600	1
泰国	6903.8	20	1000	2

1　庄国土：《世界华侨华人数量和分布的历史变化》，《世界历史》2011 年第 5 期。

2　表格名称经笔者修改，具体见贾益民等主编：《华侨华人蓝皮书：华侨华人研究报告（2019）》，北京：社会科学文献出版社，2019 年。

续表

国家	2017 年人口总数	世界排名	华侨华人数量	世界排名 *
马来西亚	3162.4	45	655	3
缅甸	5337.1	26	300	6
新加坡	561.2	114	300	7
菲律宾	1049.2	13	200	8
越南	9554.1	15	200	9
柬埔寨	1600.0	70	100 左右	14
老挝	685.8	105	10 以下	—
文莱	42.9	172	10 以下	—
东帝汶	129.6	155	10 以下	—
人口总数 / 世界占比	54376/7.2	4200/69		

注：* 排名限于华侨华人数量超过 10 万人的国家。

资料来源：Population Ranking. World Bank，国务院侨务办公室。

由表中数据结合相关资料可知，到 2017 年，东南亚国家中有七个国家的华侨华人数量占比超过 5%，其中新加坡占比 50% 以上，马来西亚占比 20% 以上，泰国和菲律宾占比 10% 以上，印度尼西亚、缅甸和柬埔寨也都在 5% 以上。有些国家因为人口基数大，所以华侨华人占比不大，但是就绝对数量而言，华侨华人数量超过千万的国家就有两个，即印度尼西亚和泰国。在东南亚，有八个国家华侨华人数量超过百万。总体而言，尽管东南亚国家的华侨华人比例有所不同，但是总数还是达到了 4200 万。故此，东南亚仍然是世界上华侨华人数量最多的地区。

此外，2023 年出版的《世界侨情蓝皮书：世界侨情报告（2023）》显示，东南亚华侨华人总数 4000 余万，整体数量没有太大变化。近年来，我国移民国外的人数有所增加，东南亚不是最主要的目的地。

同时，2021 年至 2022 年间，受新冠疫情影响，海外华侨华人的总体数量有所减少。即便如此，近十年来中国流入东南亚的华人移民仍不在少数。东南亚存在新老华侨华人并存的局面。新老移民最大的差别在于："以前的老移民主要以苦力劳工为主，而新移民除了劳工之外，还有留学生（包括公派和自费）、专业技术移民和投资移民等。"[1]

二、东南亚华人在推进"一带一路"建设中发挥重要作用

华侨华人在中资投资其所在国及开展双边投资时，都发挥了积极作用。"总的来说，华人移民网络可以通过改善制度差异、消除信息不对称、弥合文化距离三种途径在双边投资贸易中发挥'桥梁'作用，一方面可以降低双边投资风险和交易成本，提高双边投资水平，另一方面可以消除双边贸易壁垒，促进双边贸易畅通。"[2] 就东南亚而言，梁育填、周政可、刘逸（2018）及梁双陆、王壬玚、顾北辰（2020）所作的研究均表明，华人网络的存在对于促进中国与东南亚的双边贸易有着积极作用。具体体现在："第一，华人存量对于中国与东南亚国家的进出口贸易具有显著影响。其中，对中国进口贸易的影响更为显著，具体而言，华人存量每增长 1%，进口总额增加 0.76%，出口总额增加 0.213%。第二，华商资产对中国与东南亚的进出口贸易有着显著影响，其中对出口贸易的影响更为显著，具体而言，华人富豪资产每增加 1%，中国对东南亚国家的出口增加

1　曾少聪：《漂泊与根植：当代东南亚华人族群关系研究》，北京：中国社会科学出版社，2004 年，第 319 页。

2　赵恺等：《华人移民网络与中外投资贸易》，载《华侨华人蓝皮书：华侨华人研究报告（2022）》，北京：社会科学文献出版社，2023 年，第 187 页。

0.537%。"[1] 同时，随着"一带一路"倡议的推动发展，华侨华人网络对于中国与东南亚双边贸易的影响在减弱，凸显了"一带一路"倡议的制度性优势。但是，同时也提出了一个新的课题，即东南亚华人网络如何在未来中国与东南亚双边贸易中发挥更大的作用。

东南亚华侨华人富有经商传统，以印度尼西亚为例，有 70% 的华侨华人从事工商业。就东南亚整体而言，"东南亚华商在当地已经极具规模，华人资本规模已达 1.35 万亿美元，其中 95% 以上集中在新加坡、泰国、马来西亚、印尼和菲律宾东盟五国，华人富商在当地富豪排行榜上占据绝对优势"。[2] 华商资本在东南亚所有资本中占有非常重要的地位，在东南亚所有上市公司中，华人企业占到七成。在东南亚各国的 GDP 中，华人资本也占有极其重要的地位。中小企业中，华人资本也有很大的影响力。故此，自改革开放以来，我国所接受的外资直接投资中，有 60%~70% 来自华商投资企业。可以说，在所有的海外华人资本中，东南亚华人资本参与"一带一路"建设的热情最为突出。国务院侨办原主任裘援平指出，在"一带一路"建设中，华侨华人的作用难以替代。[3]

1 梁双陆、王壬玚、顾北辰：《东南亚华人网络及其贸易创造效应》，《云南社会科学》2020 年第 6 期。

2 王辉耀：《中国海外国际移民新特点与大趋势》，载《国际人才蓝皮书：中国国际移民报告（2014）》，北京：社会科学文献出版社，2014 年。

3 宦佳：《做好"同圆""共享"两篇大文章——访国务院侨办主任裘援平》，《人民日报（海外版）》，2016 年 3 月 14 日第 11 版。

三、"一带一路"有助于加深华侨华人对华人文化的认知

1955 年 4 月，周恩来代表中国政府同印尼政府签署了《中华人民共和国和印度尼西亚共和国关于双重国籍问题的条约》。两国政府关于双重国籍问题的条约的实施办法中规定："双方还同意采取一切必要的措施和提供各种便利条件，使每一个具有双重国籍的人都能自愿地选择他们的国籍。"中国政府之所以采取这种政策，有着复杂而深刻的原因，其中一个是外交上的考量，另一个是出于对华侨华人在所在国的安全与正当利益考虑。面对一些华侨的不理解，周恩来解释道："能善于与人同化，才能和人家一道前进。"[1] 这一条约后，中国政府允许海外华侨放弃中国国籍，加入所在国国籍。几十年来，东南亚华人的身份认同经历了一个从"落叶归根"到"落地生根"的过程。目前，各国华人都对所在国形成国家认同。如马来西亚、新加坡华人，"在新生代马新（即马来西亚、新加坡——笔者注）的华裔心目中，马新是自己的国家"。华人小说《阿公七十岁》中即提到："我们是道道地地生在这里、长在这里的国民。我们在这块土地上拓荒及努力耕耘，以橡胶的乳汁换取生活费；采锡米、种油棕维持生计。所以，我们对这块国土有很浓厚不能移的乡情。我们爱这块土地，我们从未想过要离开这里；我们对国家的效忠是不容受到质疑的！"[2] 所以，在国家认同不存在问题的前提下，澳大利亚学者颜清湟认为：华族应该把自己视作东南亚人，其次才是华族，在了

1 《千万华侨成东南亚心结　周恩来：解决双重国籍　消除怀疑》，中国共产党新闻网，2009 年 9 月 8 日。

2 王晓峰：《马华文学的"根"主题与精神世界》，《重庆邮电大学学报（社会科学版）》2020 年第 3 期。

解所在国土生土长的人的感受同时，应当在他们需要的时候提供必要的帮助。对土生东南亚人而言，"应当接受华族在实体上与文化上跟他们不同的事实，承认华族有权保留自己的信仰、价值观、习俗、语文和教育"。[1]

目前，东南亚华人在当地政策等多重因素影响下，不同代际之间对于华人文化认知存在很大的差异。初代和二代华人对祖籍国仍然保持比较浓厚的感情，也认同自己的华人身份。但是，"随着认同的持续转向，东南亚华人对中华文化的认知在慢慢退化，特别是华裔青少年对中华文化的认知消隐弱化更加明显"。[2]新生代东南亚华人普遍对华文等华人文化核心要素存在不同程度的陌生，部分国家的华人后裔甚至不能熟练掌握中文。如印度尼西亚"40岁以下的印尼华人中，能掌握中文的少之又少，四五十岁的华人群体即使能讲简单的中文，也不能读写汉字"。菲律宾华人青年"对于中华文化的归类和我国正常群体对中华文化的理解有很大差异"。[3]即便与当地社会融合程度高，华人待遇较好的泰国，新生代华人对于中华文化和华人社团组织的认识也有所减弱。如泰华社团成员有老龄化的趋势，即由于华人的后裔逐渐泰国化，缺少中华文化的熏陶，甚至不懂华语，许多年轻人不愿意加入传统泰华社团，以致不少社团后继乏人。[4]

1 （澳大利亚）颜清湟：《东南亚华族文化：延续与变化》，载《东南亚华人之研究》，张清江译，香港：香港社会科学出版社有限公司，2018年。

2 赖林冬：《东南亚华人文教重构与发展嬗变探析》，《武汉理工大学学报（社会科学版）》2019年第4期。

3 陈秀琼：《菲律宾华裔青少年的中华文化认知需求调查研究》，载《华侨华人蓝皮书：华侨华人研究报告（2022）》，北京：社会科学文献出版社，2023年。

4 杨锡铭：《"一带一路"上的潮州文化——以泰华社团家族传承为例》，中国侨网：https://baijiahao.baidu.com/s?id=1785854623869393050&wfr=spider&for=pc。

即便如此，华人家族的联系依旧紧密，许多东南亚华人仍然保留了一定中华传统文化习俗，如缅甸、老挝、柬埔寨等国华人，在清明节前后往往会赶回家乡祭祖。“每年的清明前后，缅甸、老挝、柬埔寨的大小旅馆都会爆满，飞机票等也会涨价，因为身在外地的华族游子都要赶回故乡祭拜祖先。”“每到清明节时都会举行一些仪式来祭祀祖先。”[1]实际上，笔者在东南亚进行考察时，也有类似的体会。

近年来，“一带一路”提升了中国的国际声望，华人年轻一代对于中华文化和祖籍国认知逐渐加深。“东南亚华裔学生对于中华文化仍有较强的认同感。祖辈们通过中文姓名、亲属称谓、饮食习惯等中华文化元素与岁时节令等民俗仪式来进行文化传承，加强文化认同感，因此东南亚华裔学生对于中华文化仍有较浓厚的兴趣。”[2]以印度尼西亚为例，印尼智库中国研究中心研究员雷内（Rene）就指出：“中国企业的作为将影响印尼民众对中国的看法，影响不同族裔对印尼华人的看法。”同时，随着印尼国内政策的变化，华人对自身的认同感也在增加。“许多印尼华人仍有‘中国情结’，他们正在重新接近中国文化。”在网络媒体上，更是有很多华人表达了对于“一带一路”建设中中国贡献的肯定和赞扬。东南亚华人也积极参与“一带一路”文化建设，扩大中华文化影响力。故此，有必要更好地利用华人网络的影响力来讲好“中国故事”。为此，马来西亚亚太“一带一路”共策会会长翁诗杰指出：“中国的传统文化、民俗文化在东南

1 庄颖：《缅甸、老挝、柬埔寨华裔留学生对中华文化了解和认同情况的调查与分析——以暨南大学华文学院华文教育系缅、老、柬籍华裔留学生为例》，暨南大学硕士论文，2012 年，第 28—29 页。

2 朱媞媞：《东南亚华裔学生的语言使用情况与文化认同调查》，载《华侨华人蓝皮书：华侨华人研究报告（2017）》，北京：社会科学文献出版社，2017 年。

亚颇受欢迎。""当前，一些国家出现学习中文热潮，即使不是华人也积极参与，这有益于促进中国和东盟各国的交流和理解。""东南亚不同国家的华人社会，其生态、认同和心态各异，在推动中国—东盟人文交流方面，其所扮演的角色，不妨按当地华人融入主流社会的程度顺势而为。"[1] 所以，"一带一路"给东南亚华人带来的不仅仅是经贸方面的发展机遇，还促进了中华文化在东南亚的传播，增强了当地华人对族群身份与中华文化的认同。

第三节 "一带一路"对华人宗祠建筑艺术的影响

一、尊重文化多样性日渐成为中国与东南亚各国的共识

1995 年联合国"全球文化多样性大会"（Global Cultural Diversity Conference）指出，多元文化包含各族群平等享有文化认同权、社会公平权，以及经济收益的需求。2001 年 11 月，联合国教科文组织通过《世界文化多样性宣言》。虽然东南亚国家在保护国内多元种族文化的政策上存在不小的差异，但是整体上伴随国际社会对于文化多样性认知的深化，也在不断重视并保护多元族群的文化多样

1 张茜翼：《华侨华人在中国—东盟人文交流中如何发挥独特作用？——专访马来西亚亚太"一带一路"共策会会长翁诗杰》，中国新闻网：https://www.chinanews.com.cn/kong/2024/04-09/10195655.shtml。

性。在这个方面做得比较好的有新加坡，其领导人李光耀曾说："在新加坡，我们将是一个多元种族国家。这个国家不是一个马来人的国家，不是一个华人的国家，不是一个印度人的国家，我们必须尽力建立一个基于平等原则的、模范的、多元种族的社会。"为此，新加坡通过了《多元种族社会议案》，设立"总统咨询委员会"来专门处理伊斯兰教事务。还在《共同价值观白皮书》中倡导"种族和谐"，并提出了"协商共识，避免冲突"的原则，将其贯穿到了各项政策的落实中。新加坡确立了其国内民族政策，特别强调各族群平等发展，公平竞争，并且尊重差异。[1]即便像历史上曾经发生过多次排华事件的印度尼西亚，近年来也开始致力于改善主体民族与非主体民族之间的关系。该国于2017年正式颁布了《文化发展法》。"《文化发展法》以建国五基、《四五年宪法》、统一的印度尼西亚共和国和'多元一体'为基础，以宽容性（toleransi）、多样性（keberagaman）、本土化（kelokalan）、跨地区性（lintas wilayah）、参与性（partisipatif）、效用性（manfaat）、可持续性（keberlanjutan）、言论自由性（kebebasan berekspresi）、融合性（keterpaduan）、平等性（kesederajatan）及互助合作（gotong royong）为原则，承认、尊重并保持印尼社会的文化多元性。印尼已经大体形成了具有自身特色的多元文化主义，并开启了印尼文化建设的法治化进程。"[2]

2019年5月15日，习近平在亚洲文明对话大会开幕式的主旨演讲中强调，我们要"夯实共建亚洲命运共同体、人类命运共同体

1 陆海发、邵爱容：《价值观维度下新加坡民族共同体构建研究》，《内蒙古师范大学学报（哲学社会科学版）》2020年第3期。

2 张燕：《同化主义与多元文化主义：印度尼西亚文化政策的演变》，《南亚东南亚研究》2020年第3期。

的人文基础"。求同存异、尊重彼此文化差异也是中国政府历来的主张。中国共建"一带一路"倡议明确指出："支持共建国家地方、民间挖掘'一带一路'历史文化遗产""深化同共建国家的文明对话"。以文明交流超越文明隔阂、文明互鉴超越文明冲突、文明共存超越文明优越，使各国相互理解、相互尊重、相互信任，形成和而不同、多元一体的文明共荣发展态势。[1] 中国政府认为，不同的文明只有地域与特色的差异，没有高低优劣之分。尊重不同文明，承认彼此之间的差异，是实现人类命运共同体的助推力。

二、华人优秀传统文化理应成为文化遗产保护的应有之义

虽然在东南亚某些国家，华人文化的发展面临一定的制约与挑战，但华人作为东南亚国家的重要族群，其文化应当受到尊重与保护。东南亚国家基本上都是《保护世界文化和自然遗产公约》（1972）与《保护非物质文化遗产公约》（2003）的缔约国，各国很重视各类遗产的保护与申报工作。

东南亚国家与中国有着悠久的交往历史，部分文化遗产有着共通之处。如 2020 年 12 月 17 日，中国与马来西亚联合申报的"送王船——有关人与海洋可持续联系的仪式及相关实践"项目，经委员会评审通过，列入联合国教科文组织人类非物质文化遗产代表作名录。这实际上是中国与东南亚参与共建"一带一路"倡议国家联合

1 推进"一带一路"建设工作领导小组办公室：《坚定不移推进共建"一带一路"高质量发展走深走实的愿景与行动——共建"一带一路"未来十年发展展望》，中国一带一路网：https://www.yidaiyilu.gov.cn/p/0F1IITOI.html。

申报世界级非物质文化遗产的一次成功尝试。中国历来重视文化遗产保护工作，也积极参与全球性和区域性文化遗产的组织与协调工作。2012 年 2 月 22 日，根据中国政府与联合国教科文组织签署的相关协议，联合国教科文组织将亚太地区非物质文化遗产国际培训中心（简称“亚太中心”）设在北京。东南亚与中国均属于亚太地区的缔约国。中国政府积极支持亚太中心的工作，为此付出了大量的心血，为促进亚太地区非物质文化遗产保护和申报工作不遗余力地作出了自己应尽的责任。在此基础上，中国派出专家积极协助东南亚国家的非物质文化遗产保护与申报的培训工作。2021 年 7 月，亚太中心和联合国教科文组织的雅加达、曼谷、金边与河内等四个办事处联合举办了“东南亚国家非物质文化遗产联合申报培训班”，泰国、文莱、菲律宾、东帝汶与马来西亚等 11 个国家的代表参加。培训班邀请中国社会科学院巴莫曲布嫫为受训学员详细讲述了“送王船——有关人与海洋可持续联系的仪式及相关实践”项目的申报历程。马来西亚旅游和文化部国家遗产司世界遗产处处长莫哈末·西亚林·阿卜杜拉介绍了项目申报过程中面临的挑战、困难和解决问题的办法。

中国与东南亚各国在非物质文化遗产保护方面的合作，建立在双方对优秀文化传统的共同认同之上。华人的优秀传统文化，已经成为东南亚国家文化传统的组成部分。尊重彼此差异、实现共同发展，理应成为东南亚各国文化遗产保护的重要目标。尽管存在诸多挑战，相信东南亚各国，尤其是华人族群将以智慧化解这些困难，促进不同族群文化的交流，实现不同文化之间的相互尊重、借鉴和共同繁荣。

三、宗亲认同与根文化成为华人宗祠建筑的文化渊源

当下，东南亚华人很多已经入籍住在国，但对华人文化与华人身份的认同依然深厚。然而，因为当地教育问题，部分东南亚国家的不少华裔年轻人，并不是很了解中华文化，对于自身华人身份的认同也略显薄弱。老一辈华人为实现文化传承，培养华裔后代的华人文化认同，做了不少工作。其中，根文化认同颇为重要。有学者对东南亚华裔幼童文化认同作了研究，认为“家族祭祀作为中华民间礼仪，在幼童个体精神层面，完成了文化与历史意义的再生产，这一再生产过程促进了华人幼童对自身身份的强化”。[1] 所以，家族祭祀与宗祠文化在实现华人代际之间的文化传承中起到了极为重要的作用。

东南亚华人组织很重视宗祠建设，各国宗亲会在建立宗祠、传播中华文化方面发挥了很大作用。如泰国刘氏宗亲总会的会歌中提到，“年深外境皆我境，日久他乡即故乡。早晚勿忘亲命语，晨昏须奉祖宗炉香”。[2] 由此可见，泰国刘氏很重视祭拜祖先，保留了中华祭祀文化的传统。再以马来西亚为例，在槟州各姓氏宗祠联合会编撰的《槟州宗祠家庙简史》一书中多次提到姓氏与根文化的重要性：“姓氏是祖先留给我们的一份珍贵遗产”“通过姓氏我们能知道我们的生命之由来”“从而打开久郁心中寻根溯源的大结”。[3] 该书概述中

1 王建红：《东南亚华裔幼童华人身份养成——以马来西亚槟城闽粤华人为例》，《浙江师范大学学报（社会科学版）》2020 年第 4 期。

2 （泰国）泰国刘氏宗亲总会：《会歌：刘氏祖训颂》，载《泰国刘氏宗亲总会 50 周年纪念特刊》，内部资料，2018 年，第 7 页。

3 （马来西亚）槟州各姓氏宗祠联合会：《槟州宗祠家庙简史（上集）》，槟州各姓氏宗祠联委会，2013 年，第 4 页。

提到："槟城许多宗亲会的成立，大多起源于族人每年不约而同地齐聚共同膜拜祖坟、先祖或家乡保护神后，为延续祭祖敬神的礼教，进而创立宗祠，以便更有系统地祭祖，整修祖坟，充分体现了中华文化中崇尚礼教、认祖归宗的美德。"[1] 在东南亚各国宗祠组织、宗亲会乃至普通华人保存的资料或口承传统中，大多有类似记载或者说法。

东南亚华人宗祠是华人族群文化认同的重要物质载体，宗祠文化成为联系华侨华人的重要精神纽带。宗亲会是包括东南亚华人在内的海外华人的重要组织，是宗亲文化认同与根文化重要的组织基础。厦门大学庄国土教授指出："一般而言，华人宗亲会组织比同乡会更活跃，所组织的活动也更频繁，其全球性联谊合作程度也更甚于同乡会。"[2] 尤其是进入 21 世纪以来，世界性宗亲会组织的恳亲大会规模更大。东南亚作为全球华侨华人集中的区域，宗亲会成为东南亚各国华人乃至全球华人社会沟通方面的主要渠道。在泰国，"世界各地华侨华人与泰华社会的联系仍将其社团作为主要的联系渠道"。[3] 泰华社团，尤其是宗亲会的存在，很大程度上是因为"中华文化影响的因素起着重要作用"。[4]

我国高度重视与海外华侨华人的文化联系。以国务院侨务办公

---

1 （马来西亚）槟州各姓氏宗祠联合会：《槟州宗祠家庙简史（上集）》，槟州各姓氏宗祠联委会，2013 年，第 12 页。

2 庄国土：《21 世纪前期世界华侨华人新变化评析》，载《华侨华人蓝皮书：华侨华人研究报告（2020）》，北京：社会科学文献出版社，2020 年，第 59 页。

3 杨锡铭：《"一带一路"上的潮州文化——以泰华社团家族传承为例》，中国侨网：https://baijiahao.baidu.com/s?id=1785854623869393050&wfr=spider&for=pc。

4 杨锡铭：《"一带一路"上的潮州文化——以泰华社团家族传承为例》，中国侨网：https://baijiahao.baidu.com/s?id=1785854623869393050&wfr=spider&for=pc。

图 3–1　泰国曼谷林氏大宗祠

图 3–2　马来西亚吉隆坡陈氏书院

室所辖的“中国侨网”为例，其2024年清明节前上线的全新栏目《我从何处来》向全球华侨华人征集寻根故事，协助海外华侨华人探寻祖籍地，帮助他们了解祖籍地的历史文化。此举有助于增强海外华侨华人对中华文化和祖先文化的认同。

总而言之，“一带一路”倡议有助于增强华人对于自身文化身份的认同感，培养新生代华人延续华人的祭祀传统，保持华人作为少数族裔的文化独特性。华人祖宗祭祀实际上是一个体系，形成了个体、家庭、家族、民族递进的圈层结构，寻根溯源是核心追求，慎终追远是根本原则，宗祠是外在载体。目前东南亚国家华人传统宗祠，虽然在建筑外观上可能千差万别，但是祖宗牌位、祖容像等陈设不变，内堂是祖先安放之所，基本上延续了祭祀的核心区域和祭拜的基本礼仪。故此，笔者认为就保存华人文化角度而言，“一带一路”建设有力地巩固了华人族群的文化特征。宗祠文化作为华人的一种传统文化，在华人文化自信不断提升的过程中得到了传承。笔者有理由相信，在东南亚各国保护多元文化的政策背景下，华人传统的宗祠文化将得到更好的传承与发展。

第四章

东南亚华人宗祠建筑的艺术特征

■第一节
建筑风格

东南亚华人宗亲会馆和华人宗祠建筑的风格从早期的中式样式，发展到今天，逐渐形成因应地势及所在国国情的多元风格，呈现出融合与创新的特点。

一、中式坛、庙、宇、祠堂

华人在进入南洋以后，“保持了自己原来的服装样式及住宅建筑风格”。[1] 多地的唐人街就是按照中国样式建造的，即便在今天，槟城唐人街的建筑仍然保留了较完整的中式风格。宗祠与宗亲会馆的建设同样如此。建于 1876 年的新加坡保赤宫（陈氏宗祠）起初是福建漳州陈氏宗亲的寺庙，后来逐渐接收在新加坡的其他陈姓华人加入。保赤宫大门两边各有一个木雕人像，怀中抱着婴儿，取“以保赤子”

1 陈鹏：《东南亚各国民族与文化》，北京：民族出版社，1991 年，第 255 页。

图 4-1　马来西亚槟城龙山堂邱公司

之意。这个类似母亲哺育婴儿的形象寓意十分深邃，它典型地反映了中国庙宇建筑的风格。马来西亚槟城保存了大量中国传统风格的宗祠建筑，其中最富丽堂皇的当属建成于 1898 年的邱氏宗祠。该建筑群建有戏台、宫殿式祠堂及配套建筑。

缅甸宗祠则多为庙宇形式。如缅甸仰光的庆福宫，就是由缅甸二十四宗姓代表组成的庆福宫信托部管理财务、公家和一切有关官务及对外事宜。[1]1988 年建的泰国李氏大宗祠坐北朝南，经过风水堪舆，祠堂大门为歇山顶，三重飞檐叠构，壮丽宏阔，十分气派。与之相对的是九龙壁，中间有一较为开阔的门前广场。宗祠分三进，

1　杜温：《缅甸华人庙宇：连接缅甸与东南亚和中国的寺庙信任网络》，《八桂侨刊》2016 年第 3 期。

图 4–2　泰国曼谷林氏大宗祠

中堂为祭祀献礼之用，上厅为陇西堂，座列祖龛，左右廊庑、后厅环拥；左厢属青龙，右厢属白虎，作李氏各分会理事之处。后堂属玄武，楼上为大礼堂，楼下为总会办公厅及会客厅、宴会厅等。在左右两厢建筑山墙上有岭南建筑中常见的镬耳。李氏大宗祠整体布局有序，形呈环抱，体现吉祥意蕴。泰国方氏、林氏、周氏等宗祠基本上都是此种风格。东南亚华人姓氏祠堂在保留中国传统祠堂建筑特色的同时，相当一部分还借鉴了祖籍地（主要是闽粤地区）建筑的风格。泰国王氏大宗祠整体造型与林氏大宗祠相似，不同之处是前者采用白色墙体，青绿瓦屋顶，并在广场上设有九龙壁。

图 4-3　泰国曼谷王氏大宗祠

图 4-4　泰国曼谷王氏大宗祠九龙壁

二、东南亚风格

一些宗亲会和祠堂入乡随俗，逐渐融入了东南亚的地域特色。柬埔寨华人祠堂建筑往往会结合柬埔寨本地建筑的风格，2006 年建成的柬埔寨西河林氏宗亲总会新会址及其宗祠就是代表。一些前海峡殖民地国家的华侨华人宗祠则大胆借鉴东南亚热带建筑的干栏式结构。新加坡刘氏总会便采用了这种设计，在入口处设有两根水泥方柱，柱上为屋顶，形成房廊。新加坡林氏大宗祠更加具有早期海峡殖民地建筑风格，南洋柱廊与西式建筑相结合，形成了独具特点的东南亚近代建筑风格。

三、现代风格

在现代化和全球化趋势下，许多华人宗亲会和宗祠建筑逐渐呈现出现代化特征。20 世纪 60 年代起，菲律宾华人宗亲会新建的宗亲会馆“毫无例外地（的）全为钢筋水泥大厦，一般为 5 至 6 层高”，往往会所与宗祠共处于一栋建筑中。[1] 这些大厦都是现代建筑，即便有所变化，也是在屋顶增添些中国元素。这种趋势在其他东南亚国家也有体现。新加坡卓氏总会新会所就是一座独立的现代建筑，其附属的云龙院（庙）前身则是一座独立洋房。泰国的郭氏宗亲总会会馆，其三楼为汾阳王纪念堂；泰国刘氏宗亲总会会馆等也都是现代水泥钢筋建筑。印尼六桂堂宗亲会会馆格局分布如下：第一层设置传达室，第二层为多功能礼堂和休息室，第三层是会务办公室，第四层是娱乐歌厅，第五层是六桂堂宗祠。这种多层现代建筑布局满足了宗亲会多样化的需求，展示出东南亚华人宗祠建筑的新风貌。

四、混合风格

东南亚华人宗亲会还会顺应当地的自然和人文环境，保留华人传统建筑元素的同时，融入不同文化的建筑风格。新马华人在殖民地时期大量建造骑楼式建筑，并对这种源于西方的建筑样式进行了改造，融入了华人建筑风格。骑楼是由连接的廊柱构成的外廊结构建筑，一家店屋的深度往往是宽度的三四倍，形成窄而瘦长的结构布局。屋内分割为房间、楼梯、走廊、厨房、厕所，中间留有天井，

1 宋平：《论菲律宾华人宗亲会的物业公产》，《华侨华人历史研究》1995 年第 2 期。

图 4–5 泰国郭氏宗亲总会会馆

图 4–6 泰国刘氏宗亲总会会馆

可谓别有洞天。新加坡白氏公会就是这种风格的典型，尽管会址因各种原因几次变迁，但是最终仍然采用骑楼风格。菲律宾华人宗祠和宗亲会建筑往往门庭高大气派，庭院开阔舒展，既有江南庭园式建筑的特点，又融入了天主教堂的布局，与菲律宾天主教文化的兴盛相适应。而印度尼西亚华人建筑则更具多元性。早期的定居者在建造房屋时并不遵循传统的建筑实践，而是适应印度尼西亚的生活条件。[1] 由于荷兰殖民时期印度尼西亚禁止非欧洲人使用西式建筑风格，早期的华人建筑多以中式为主。20 世纪初，荷兰逐渐放宽对建筑风格的限制，才逐渐有西式建筑元素出现在华人建筑之上。所以，印尼华人建筑呈现出中式、西式与东南亚风格并存的特点，印尼华人宗祠和宗亲会建筑也顺应了这一潮流。峇都兰樟福建义冢 1841 年的碑记上刻有“张家献娟（捐）12 元”的记录，可见张氏族人落脚槟榔屿已近 200 年。张氏清河堂几经修葺，结合了中西建筑特色。

■第二节

空间布局特点

东南亚华人宗祠的空间布局，要根据其建筑风格加以区分。总体上来讲，东南亚华人宗祠会受到多重因素——家族规模、财势强

1 Widodo, Johannes, "The Chinese Diaspora's Urban Morphology and Architecture in Indonesia," *The Past in the Present: Architecture in Indonesia*, Leiden: Royal Netherlands Institute of Southeast Asian and Caribbean Studies, 2007, pp. 67–72.

图 4–7　马来西亚槟城张氏清河堂

弱、地基大小、空间位置、所在国文化与政策等的影响，往往随样式而立基，空间布局呈现多样化的特点。

中式坛、庙、宇、祠堂样式，由于保留了大量的中国元素，基本上就是按照中国传统祠庙建筑的空间布局，但是又随着住在国的特点有所变化。就建筑平面布局而言，东南亚华人祠庙式宗祠保留了中国传统宗祠建筑坐北朝南的封闭式布局，讲究中国传统的堪舆之学，在选址方面，往往选择地势开阔平坦、引人注目的区域。此类宗祠建筑往往沿着中轴线，采用进式院落布置格局，力求营造一种均衡和谐的礼制空间架构和视觉效果。传统宗祠“一般由大门、影壁、天井、明楼、正厅、享堂等组成”[1]，有着严格的形制要求。此种类型华人宗祠讲究礼制秩序，空间布局舒展大方，功能齐全，奉行祭祀中心主义。除供奉祖宗牌位的祭堂，其余建筑均有形制上的不同。因为华人宗祠建筑大多建于晚清民国之后，所以其建筑布局不完全对应既有的传统宗祠布局规制。如果财力允许的话，当代东南亚华人祠庙式宗祠更是以豪华见称。

东南亚风格样式的主体为南洋柱廊与西式建筑结合，空间向上，多配以东南亚风格的花园等附属建筑。其空间布局并非完全闭合，许多宗祠实际上是临街而建，最多有栅栏式围墙。所以，单纯从空间布局和建筑本身外形上，很难看出其为华人宗祠。虽然这种布局不同于中国传统封闭式宗祠，但是东南亚风格之所以可以应用于宗祠，是因为其内部布局具备宗祠的特性。现代风格的华人宗祠同样呈现出由低向高的空间递进，与传统中式祠庙式样的宗祠不同，其空间更为开放，且不拘于传统中国宗祠的规制，主要以实用性为导向。这两种样式的华人宗祠空间布局之所以能够体现宗祠特性，在于其内部空间的划分——通常在顶楼的中间位置供奉祖宗牌位和祭坛神龛，以便族人祭祀时使用。

混合风格样式则综合了现代风格与传统风格，但更偏向现代。建筑布局方面，基于现代风格添加中式祠庙风格要素，类似于现代装饰中的“新中式”风格。往往采用非正统的舒展的空间形式，宗祠建筑由多个建筑物构成，除了祖堂之外，还有供奉其他神明，如妈祖等的庙宇，这类宗祠成为集合祖先与多神信仰的综合体。宗祠周围还会因应地势，建设花园、客房、议事厅等附属建筑。混合式

1　张锋：《宗祠：吉祥文化的象征》，《人民论坛》2013 年第 20 期。

宗祠样式兼具祭祀功能与生活美学，采用非中轴式布局，讲究错落有致。空间布局样式比较灵活，但同样舒朗开展、美观大方，带有强烈的中西文化、传统与现代交融的美学特色，有时与东南亚风格不好区分。

实际上，无论东南亚华人宗祠空间布局如何变化，其内部的核心区域始终是供奉祖先的神圣空间。总而言之，东南亚华人宗祠建筑空间布局虽然各异，但是礼制空间的实质不变。

第三节 装饰艺术及象征意义

即便是中国民间传统宗祠，单纯从建筑样式和规制上来看，也不能一眼就断定其为宗祠建筑。所谓的“祠庙式样”，也是借用了中国传统庙坛建筑的形式。明嘉靖以前，普通百姓是不被允许建造家庙祠堂的。宗庙建筑往往由统治集团的成员建造，一般百姓若模仿宗庙风格则属违禁。所以，宗法制度下普通民众所建的宗祠，并不严格遵守规制。当然，如前文所言，宗祠建筑实际上存在一定布局，才形成了前文提到的四种东南亚华人宗祠建筑风格。那么何以为华人宗祠？其特征主要是通过外部装饰和内部陈设中的宗祠文化符号体现。

一、外部装饰风格

各宗亲会馆和宗祠的装饰风格通常能反映其经济实力，故普遍追求富丽堂皇、庄严肃穆。在整体与局部装饰上，华人宗亲会和宗祠多采用绚丽的色彩，大门用中国红，建筑顶部雕梁画栋，彩绘随处可见。中式宗亲会馆与宗祠内外多有立柱，或石柱或木柱，上缠云龙，柱身红色，云龙大黄色。门两侧多立有石狮子，屋脊多装饰瑞兽如祥龙彩凤，或貔貅、麒麟、玄武等，配以牡丹、梅花、仙人雕像等。石雕木雕做工精细，有的甚至鎏金，华丽非常。槟城邱氏宗祠的门匾甚至由纯黄金制成，让人叹为观止。即便是其他风格的宗亲会和宗祠建筑，也带有中式色彩，融入中国元素——中式宫灯、匾额、对联、石狮等，这些都是必不可少的。中式宫灯，往往以姓氏与堂号冠名，体现宗祠的姓氏特征。如马来西亚的槟城王氏玉坂社，从外表来看就是现代建筑，其宗祠大门并不轩敞，只是一个普通楼宇的入户大门，门口悬挂两个冠有“王”字的宫灯，门楣上挂有写着“王氏玉坂社”的匾额。这种设计有效赋予了普通民居式楼宇建筑宗祠的身份特征。

再如卿田堂尤公司，同样是现代南洋式建筑，二楼阳台悬挂着冠有“卿田”字样堂号的灯笼，一楼入户门楣悬挂“卿田堂”牌匾。对联方面，尽管马来西亚没有像“联社”这样的组织，但是身在海外的华人在神庙、宗祠和会馆等传统建筑上依然保留了对联的形式。[1]

下面是笔者随机选取的东南亚华人宗祠的部分对联，以供参考。

1 《城门挂春联　南京开门红——马来西亚华人投来海外第一联》，《南京晨报》，2017 年 12 月 27 日。

图 4-8　马来西亚槟城王氏玉坂社（来源：《槟州宗祠家庙简史》）

东南亚各国宗祠对联选摘一览[1]

国别	姓氏宗祠	宗祠对联	备注
菲律宾	马尼拉市庄氏宗祠	上联：青阳梅树根基老 下联：菲岛椰林树叶荣	马萧萧 1994 年 4 月 15 日作
越南	胡志明市何氏庐江堂	上联：庐山枝叶年年茂 下联：江水源流代代长	
印尼	万隆百氏祠	上联：百氏英灵，且安万山隆水 下联：祠堂玉宇，遥望广海福田	
马来西亚	槟城龙山堂邱公司	（1）对联一 上联：群庶葵芹酬大德庙焕槟城 下联：八公草木著神威勋崇晋室 （2）对联二 上联：江山虽异地，冀列祖，先灵远庇崇基还喜拓祠堂 下联：新旧整朝纲，望“支那”，商学中兴聚族不妨谈货殖	对联一据称是龙山堂第一次火毁后，遗留的唯一旧物。
泰国	（1）王氏大宗祠 （2）郑氏大宗祠荥阳堂	（1）王氏 上联：系出周泰万派同源传佛国 下联：亲联中泰四邻合德耀南天 （2）郑氏 上联：荥水润九垓 下联：阳光照万代	
新加坡	（1）琼崖黄氏公会 （2）林氏大宗祠九龙堂	（1）黄氏 上联：江夏黄童，天下无双，公树勋庸垂汉史 下联：琼南孙枝，海外生聚，世传孝友振家声 （2）林氏 上联：忠孝有声天地老 下联：古今无数子孙贤	

1 系随机选取，资料主要来源于各姓氏宗祠官网或游记。

从对联内容来看，大多直指家族源流。如菲律宾马尼拉市庄氏宗祠对联说明本族来源于中国青阳，泰国郑氏大宗祠联说明本族祖籍中国荥阳。此外，华人宗祠的对联还表达了华人在异国他乡开枝散叶的情感，如槟城龙山堂邱公司的“江山虽异地，冀列祖，先灵远庇崇基还喜拓祠堂”，新加坡琼崖黄氏公会的“琼南孙枝，海外生聚，世传孝友振家声”。这些对联往往出现在显要位置，使人一望便知该宗祠家族根脉所在。

由于东南亚华侨华人多来自闽粤，所以岭南建筑装饰在当地建筑中多有体现。如潮州嵌瓷以其色彩艳丽、质地精良闻名，泰国祠堂屋脊顶部多装饰有嵌瓷，使建筑更显华丽和神话色彩。

在时代变迁中，东南亚华人宗亲会馆和宗祠不可避免地融入了南洋装饰特点。如槟城邱氏宗祠主殿屋脊采用多脊重檐设计，极具东南亚王室建筑特点，门口台阶两侧还各设有一个马来西亚民兵造型的石像，左右拱卫祠堂主殿。泰国华人宗祠则在门楣上悬挂泰式风格的垂帘，缅甸华人宗亲会馆的装饰则带有南传佛教艺术的特点，各地风格各异，不一而足。

二、祠堂内部陈设

祠堂内部依然保持了中国祭祀文化的符号特征，有一些外部可见的陈设，在内部依然可见。如中式宫灯、对联、匾额等。所以，虽然宗亲会馆或者祠堂外部形制会有多种变化，但是其内部的设置依然保持中式风格。最核心的就是祠堂正殿，正中供奉列祖神主，有些还会设有族内开基祖的塑像。神主牌两侧及上方悬贴有反映祖训的对联和匾额。神主牌前面放供桌，桌上放置香炉、香烛，以及供奉祖先的水果、点心、肉食等祭品。屋内陈设多以中式家具为主，两侧墙壁挂有先人遗像、杰出人物照片、孝亲图画，或列有祖宗丰功伟绩的书作。整体氛围庄严肃穆，表达慎终追远之意。

东南亚华人宗祠还往往与神道信仰相结合。因为华侨华人多来自闽粤一带，所以闽粤一带信仰的神佛往往在华人宗祠中占据一定位置。如马来西亚槟城卿田堂尤公司中，有一张尤姓族人日常祭祀表，记录如下：

尤氏卿田堂

祖佛寿诞千秋吉日

保生大帝正月初十日

玄天上帝三月初三日

邢府大人四月十五日

沈府大人六月十八日

尤府大人十月初六日

中坛元帅九月十五日[1]

该族奉福建南安为祖籍地，而保生大帝信仰恰恰起源于漳州、泉州。[2] 该信仰广泛流传于世，在闽台极为兴盛。随着闽台人下南洋，保生大帝信仰也普遍在闽台籍东南亚华侨华人中传播。仔细翻看马来西亚槟城的各姓氏宗祠文献记录，就能看到祖籍地对于移民祭祀

1 （马来西亚）槟州各姓氏宗祠联合会：《槟州宗祠家庙简史（上集）》，槟州各姓氏宗祠联委会，2013 年，第 33 页。

2 范正义：《保生大帝信仰起源辨析》，《龙岩学院学报》2005 年第 4 期。

文化的深刻影响。“十九世纪华人移民所信奉的复杂神明体系在民间深具影响力。”马来西亚槟城的华人宗祠与庙宇往往存在一种并存关系。“一种是以血缘或地缘限定的祠庙，通常与会馆结合，如福建五大姓公司，其公祠各设有地方神牌位，兼具血缘、地缘与神缘性质。”[1]不同籍贯的华人信仰也有所区别，如客家人崇奉福德祠，广府人祭拜武帝庙，福建人供奉福德正神庙。这种将神道信仰纳入祖先祭祀的现象，是东南亚华人宗祠的一个典型特征。

总而言之，东南亚华侨华人的宗亲会馆和宗祠在传承华夏建筑特色的同时，也在扬弃和发展中与时俱进。既多元包容又坚守传统，体现了华侨华人坚韧不拔、勇于变革的性格品质。作为祭祖和联络宗亲的场所，这些建筑在东南亚华人社会中发挥了应有的作用。

1 康斯明：《十九世纪末槟城乔治市华人社会空间研究》，华侨大学硕士论文，2019 年，第 75、62 页。

第五章

案例研究：华人宗祠实证分析

在对东南亚华人宗祠建筑艺术及其内部装饰风格进行了总体性分析以后，下文将通过典型案例解析不同风格宗祠建筑，以便读者对东南亚华人宗祠有更加全面的了解。

诚如前文所言，东南亚华人宗祠在发展演进过程中，呈现出丰富多样的形式，尤其是在外部形制方面，包括中式坛、庙、宇式祠堂，其中具有代表性的有马来西亚槟城龙山堂邱公司、泰国李氏大宗祠等；东南亚风格式祠堂，代表性的有柬埔寨西河林氏宗亲总会新会址和林氏大宗祠、新加坡林氏大宗祠；现代风格式祠堂，代表性的有印尼施氏宗亲会会馆、雅加达六桂堂宗亲会会馆、菲律宾华人宗亲会、新加坡卓氏总会新会所等。此外，还有不少兼容不同风格的混合式祠堂。

在选择本章案例时，笔者尽量选择不同风格中最具代表性的宗祠，并结合实地调研情况，主要从建筑风格、空间分布与艺术特征的角度出发，运用不同的研究方法，对所选典型案例展开实证分析，以期以点带面，勾勒出典型案例所代表的宗祠风格的总体特点。由于混合式祠堂是多种宗祠风格的叠加组合，故本章不将其作为分析对象，仅对三种单一风格进行全面分析，读者可自行对混合式宗祠风格进行品读。

■第一节

中式坛、庙、宇式祠堂：马来西亚槟城龙山堂邱公司[1]

一、入选理由与分析框架

在东南亚国家中，马来西亚华人宗祠建筑群较为集中，既有单独的个体宗祠，也有相对聚集的宗祠群。近年来，更有公司建设宗祠街，汇聚了几十个不同姓氏的宗祠，供相关姓氏宗亲安葬亲人和祭拜使用。马来西亚华人宗祠保持了传统宗祠的基本特点，也融入了本地文化元素，与其他国家的东南亚华人宗祠一样，是传统的故土信仰与华夏民族特性的外在体现。本节选择马来西亚槟城龙山堂邱公司为研究对象，基于文献分析法和空间句法等理论，通过整理分析相关文献及运用空间句法构建关系图解和句法模型，探究东南亚华人宗祠的价值传承与空间布局之间的关系。研究发现：龙山堂邱公司建筑群呈现出以主入口—主通道—戏台—中央广场—龙山堂为中轴线的南北两侧对称的空间布局形式；该建筑群受宗法制度和等级制度为核心的儒家礼制影响较深；整体空间布局借鉴了福建传统村落宗祠和庙宇的布局形式。对龙山堂邱公司的研究表明东南亚

1　龙山堂邱公司案例研究系张锋与其硕士生王健的共同成果。

图 5-1　马来西亚槟城龙山堂邱公司

华人宗祠空间组织规律中蕴含着丰富的文化价值，为今后类似建筑的设计规划和保护提供了有益的借鉴和启示。

宗祠在东南亚华人社区中的地位越来越重要，逐渐成为一种地标性建筑。[1] 邱氏宗祠龙山堂作为马来西亚槟城最具代表性的宗祠之一，不仅弘扬了马来西亚华人的故土信仰和南洋华人精神，而且在无形中承续了清代庙宇的建筑样式。2003 年，陈耀威所著的《槟城

1　张锋：《东南亚华人宗亲文化与宗祠建筑特色研究》，《广西社会科学》2017 年第 5 期。

龙山堂邱公司：历史与建筑》总结了邱公司建筑群的布局与变迁，重点阐述了其建筑平面布局、建筑装饰及原乡文化对建筑装饰的影响[1]；2014 年，陈剑虹、黄木锦的《槟城福建公司》总结了该地五大姓的五座庙宇建筑的建筑特征[2]；2020 年，陈志宏等人分析了马来西亚五大姓家族的聚落空间布局和宗祠、民居建筑的特征[3]；2022 年，李洁等人分析了龙山堂的建筑装饰特征[4]。从研究内容来看，针对东南亚华人宗祠的研究主要集中在五大姓家族建筑的发展历史、建筑装饰和宗祠建筑的平面布局方面，对宗祠建筑群的整体布局和价值传承之间关系的研究较少。现有研究显示，原乡地文化对东南亚华人宗祠的设计有重要的影响，因此，研究宗祠建筑群空间布局与价值传承之间的关系具有重要的意义。

龙山堂邱公司（Leong San Tong Khoo Kongsi）又称“邱氏宗祠”，是槟城的华人地标和世界遗产项目的组成部分。“公司”一词来源于“Kongsi”，即“公祠”的谐音。邱公司是龙山堂家族的一个宗乡会馆，该家族祖先来自福建省厦门市海沧区新垵村。邱氏家族是 17 世纪马六甲和早期槟城富有的海峡华商之一。其宗祠始建于 1906 年，当时邱氏家族正处于鼎盛时期，最终于 1959 年初步落成。邱氏宗族为槟城福建人“五大姓”之一，与谢、杨、林和陈氏共同

1 （马来西亚）陈耀威：《槟城龙山堂邱公司：历史与建筑》，槟城：槟城龙山堂邱公司，2003 年。

2 （马来西亚）陈剑虹、黄木锦：《槟城福建公司》，槟城：槟城福建公司，2014 年。

3 陈志宏、涂小锵、康斯明：《马来西亚槟城福建五大姓华侨家族聚落空间研究》，《新建筑》2020 年第 3 期。

4 李洁、田宗正、刘渌璐：《马来西亚华人宗亲会馆建筑与装饰研究——以槟城“邱公司龙山堂”为例》，《华中建筑》2022 年第 9 期。

构成了早期福建帮势力。[1]自19世纪中叶起，五大姓纷纷在乔治市牛干冬街、社尾街一带建立了公司聚落。每个公司都以宗祠为中心，周围建有三或四面毗邻、紧密的街屋，形成带有防御性质的同姓聚落，类似殖民地城市中的同姓村庄，展现了移民社会中罕见的聚落形式。邱公司建筑群由祠庙龙山堂、戏台、宗议所兼办公室，以及周围的62间排屋和店屋组成，坐落于大铳巷内，隐藏在乔治市老街屋环绕的广场。[2]

二、研究方法

本文主要采用文献分析法和空间句法作为研究方法，文献分析法主要通过解读《槟城龙山堂邱公司：历史与建筑》、《重修龙山堂碑记》（清光绪三十二年）及《新江邱曾氏族谱》（清同治丁卯版）等相关文献来获取龙山堂邱公司的历史背景和演变历程。

空间句法作为一种分析建筑与城市空间关系的系统理论，通过探讨建筑空间结构与人类行为方式之间的关系，对空间使用者行为体验进行量化分析，找到空间的组织规律，并揭示其背后的社会文化内涵。更进一步地，这种规律可以对现行的建筑设计方案进行预测与评价，提高建筑空间布局的科学性。[3]

空间句法的核心参数包括深度和整合度。深度指的是两个空间之间的拓扑距离（即A空间到B空间所要经过的空间数量），一般用

1 全峰梅：《东南亚传统民居聚落的文化特性探析》，《南方建筑》2009年第1期。

2 全峰梅、侯其强：《居所的图景：东南亚民居》，南京：东南大学出版社，2008年。

3 韩默、王涛：《建筑愉悦的再解析——基于空间句法的建筑空间主观体验研究》，《工业建筑》2024年1月13日。

步深作为测量单位。拓扑距离越长，步深越大，表示深度越大，意味着从 A 空间到 B 空间要经过多个系统空间，空间就越隐蔽。[1] 整合度衡量的是可达性，整合度越高，可达性越强，使用者也就更易到达。整合度的计算以深度为前提，其主要步骤如下：

1. 深度值。两个相邻节点间的距离为一步，从某一节点到另一节点的最短路程步数就是这两个节点间的深度值。系统中某个节点到其他所有节点的最短路程的平均值，即该节点的平均深度值，公式如下：

$$Z_{总}=\sum_{j=1}^{k} d_j$$

$$Z_{均}=\sum_{j=1}^{k} d_j/(n-1)$$

式中：d_j 为节点 i 到 j 的最短拓扑距离；n 为系统中所有节点的个数；$Z_{总}$为总深度值，$Z_{均}$表示平均深度值。

2. 整合度。整合度表示一个空间与其他所有空间的关系，全局整合度计算公式为：

$$M=\frac{2\left(Z_{均}-1\right)}{n-2}$$

式中：$Z_{均}$表示节点的平均深度值；n 表示系统中的节点个数；M 表示全局整合度。

1 樊亚明、李康明、孙正阳：《工业遗产游憩化更新利用空间体验感知分析——以阳朔糖舍酒店为例》，《工业建筑》2023 年第 12 期。

三、马来西亚邱氏宗祠的价值传承

（一）历史文化背景

在清末，福建沿海地区遭受自然灾害，给依靠大海生存的民众带来了巨大的损失。与此同时，清政府加大赋税和管制，剥削愈重，加之天地会起义爆发，当地民众的生活愈发困难。为了寻求谋生机会，一些沿海地区的民众以家族为单位，远赴海外谋求生路。他们通过海上通道陆续前往南洋地区，开始在暹罗、吕宋和马六甲等地定居。17 世纪初，英国开始在全球范围内以商业活动为理由扩展自己的殖民地，英国的东印度公司占领了马来西亚的槟榔屿，并希望在此发展商业，将其作为马六甲海峡重要的商业活动口岸。凭借殖民政府的支持，槟榔屿初期的商业活动比较顺利，吸引了一批福建沿海地区民众前往定居。他们艰苦奋斗，开垦土地，从事商业活动，开启了艰辛的发展过程。

随着英国对槟榔屿的开埠，当地的商业逐渐繁荣，一些客家家族迅速壮大。但是由于槟榔屿的商业是在殖民统治下发展起来的，受政治环境影响较大，在社会环境不稳定的情况下，先抵达槟城的族人为了家族能稳定发展，以地缘、业缘和血缘为基础，建立了各种会馆，以此团结族人，抵御外部的不稳定因素。为了让这些组织和从事的活动不被当地的殖民政府处罚，影响家族利益，他们根据马来西亚当地的情况，将组织进行聚会的地方称为“公司”。公司延续了祖籍地公祠供奉祖先和神明的功能，家族主要成员代表共同管理家族事务，通过平等协商团结家族内部力量，维护家族成员利益。有了这些社团组织的保护和支持，原乡居民听说槟榔屿社会稳定、经济繁荣，纷纷从原乡走海路来到槟榔屿，故槟榔屿华人家族随着人数的增长和内部的团结日益强大。鉴于族人众多又处于异乡的文化环境下，为了更好地团结内部势力、处理内部事务，他们沿用了福建宗族制度，建立了家族宗祠，以原乡处理事务的方式处理内部事务，使族人更容易适应当地环境，以更好更快地发展。

根据《新江邱曾氏族谱》的记载，邱公司来自厦门海沧区新垵村新江社，祖籍姓曾，元朝末年改为丘姓；清朝时为了避孔子名讳，将“丘”改为“邱”。其宗祠建筑石刻上常见“邱曾氏”“丘氏”等字样，即是家族姓氏发展的有效印证。邱氏宗祠的建设经历了很多阻碍和坎坷。在东印度公司占领槟榔屿之前，邱氏族人已经定居此地。随着族人数量的增加，他们开始以家族为单位组织团体活动。1818 年，邱氏族人以“大使爷槟榔公银”的名义筹款修建庙宇。随着越来越多的族人汇聚到槟城，为了更好地管理，他们决定沿袭祖籍地宗族制度，在槟城建立符合宗祠制度的祠庙，并正式成立了一个以血缘为纽带的宗祠组织，以“邱家大使爷”的名义购买了龙山堂邱公司的用地。这一举措为邱氏族人提供了一个聚集的场所，并加强了血缘关系的联系。到了 1824 年，邱氏族人人数已超百人，有足够的人力经营和管理商业，邱氏的经济实力稳步提升。1835 年端午节，邱氏家族聚会决定创建“诒谷堂”。

1850 年，邱氏族人购买了当地英国商人的商业旧址作为活动场所，在此地建立了龙山堂。次年，他们对此地进行修葺改造，按照宗祠的规制设计，外部广场作为院落，相当于传统宗祠的前院花园，种植植物；宗祠内部设立始祖至五世祖的神位，并供奉远自原乡的大使爷香火。祠堂被命名为“龙山堂”。[1] 此后，邱氏族人的各种家

1 陈支平：《近五百年来福建的家族社会与文化》，北京：中国人民大学出版社，2011 年。

图 5-2　马来西亚槟城龙山堂邱公司

庭活动都会选择在此处进行。几年后，为方便议事，董事们在院内空地旁边兴建了“宗议所”，用于处理家族的内部事务。1894 年，邱氏族人积累了一定的财力，他们聘请当时闽南的技师和工匠花了八年时间重新建造了龙山堂。这座建筑既保留了福建地区祠堂建筑的传统特色，也对槟城本土文化进行了借鉴，还在一定程度上受到了殖民文化的影响，呈现出一种独特的混合风格。

龙山堂采用了福建宗祠建筑的空间布局模式，将宗祠作为邱氏家族议事的中心。为了满足东南亚地区的不同空间要求，还增加了新的空间，并在福建传统工艺基础上进一步发展了建筑装饰艺术。在建筑装饰方面，龙山堂的许多细节展现了多元文化的和谐融合。比如，宗祠大殿二楼的步口廊采用了英国铸造的卷草纹铸铁栏杆；诒谷堂采用覆盆式天花板和石雕装饰；拜亭设有锡克守卫等装饰元素。这些细节不仅体现了不同文化的交融，也为龙山堂增添了独特的魅力。

然而，1901 年除夕夜，龙山堂刚竣工不久即遭火灾，整个大殿几乎荡然无存。为了保证家族议事的正常进行，龙山堂于 1902 年开始重建，历时四年完工，最终成为现在的龙山堂邱公司。1907 年，邱氏家族在宗祠内部设立了学校，不收取学费，为家族的新一代提供启蒙教育，培育家族新生力量。二战期间，槟城受法西斯国家侵略，遭遇日军飞机的无差别轰炸，龙山堂邱公司的部分建筑被炸毁，部分结构受损。二战后，邱氏家族对龙山堂邱公司进行了修复。1996 年，邱公司聘请福建传统工匠对戏台进行修复。三年后，社会逐渐稳定，邱氏又对龙山堂主体建筑进行了比较全面的修整和维护，包括翻新屋顶瓦片，修葺脊饰，修补并重新上色梁枋彩绘和翻新后廊和底楼之间的壁绘等。这次修复工程于 2001 年获得了马来西亚建筑师公会颁发的古迹修复奖。

（二）价值传承在宗祠中的具体体现

据记载，邱氏家族深受儒家文化的影响。尽管身处他乡受到了异国文化的冲击，文化环境发生了很大的变化，但他们传统观念中的儒家价值观仍然根深蒂固。在异国文化的影响下，儒家文化在异地得到了发展。为了提醒后辈，邱氏族人将避祸、祈福的思想，以及家族迁移与商业活动的发展历程融入建筑装饰中，从而形成自己的文化价值体系，保留住家族文化传统。

1. 价值传承在宗祠选址中的体现

“依山靠海”乃福建地区村落选址之传统风水信念。谚语“近山者多耕，近海者耕而兼渔”反映了福建地区的农业发展思维。海滨区域的土地含盐量较大，风化严重，不适合作为耕地使用，因此沿海地区居民的生存方式多以渔业为主。邱氏原乡新垵村环抱山海，路网纵横交错，以南北主轴线为中心，中央街道作为主干道贯穿整个建筑群。中央街道东侧为邱氏家族宗祠，以宗祠为核心，周围环绕着民居，彼此间由曲折街巷相连。东西向道路穿插于南北主干道之间，并与文武庙相通。邱氏在槟城延续了这一布局，因为当地殖民政府发展商业的区域恰好位于沿海，与原乡的自然环境较为相似。据《龙山堂碑》记载："去秋，邱氏族自海澄新江来，得天时地利，购得此地。当地英商某创建基地，环海崇山，规模宏大，邱公司于此拓荒修葺。"邱氏家族前辈买下英国商人旧址，因此地山水环绕，契合中国传统的风水观念，且地势平坦，适宜建造家族聚落。在原乡地福建，五大家族所在的村落距离很近，相互联系紧密；在槟城，出于防御外敌、共同发展的需要，五大姓公司也紧密相邻，共同构成一个大型华人街区，互相扶持，在东南亚地带展开商业活动。

2.价值传承在宗祠装饰中的体现

福建客家人的宗祠建筑融合了木雕、石雕、剪纸等多种建筑装饰艺术。建筑外部以石雕装饰为主，雕刻细致，色彩斑斓，在沉着稳重的文化内核中体现出活泼向上的艺术内涵。建筑内部则以精美的木雕和彩绘为主，雕刻工艺精湛，金碧辉煌，展现出豪华华丽的气质。宗祠建筑装饰的题材涵盖儒释道思想、传统文化符号、闽南文化和外来文化等方面。由于邱氏家族位于沿海地区，许多人从事海上贸易，因此雕饰中大多会体现航海故事。清末民初，邱氏部分移居的族人回到家乡，学习了福建地区当时的建造技术并带到海外，宗祠建筑的装饰艺术因此得到新的发展。这些新元素为宗祠增添了新的风貌和时代气息。

（1）儒家思想。福建地区受儒家文化影响较大，他们尊崇儒家思想的代表人物孔子，尊其为“文帝”，以求保佑子孙登科入仕。这一传统源于中国古人对科举制度的重视，体现了家族期望后代能够通过仕途光耀门楣的愿望。宗祠内部的彩画装饰中，“忠孝礼仪”等题材被广泛使用，体现了福建居民崇尚文化、重视教化的儒家思想。

（2）以道家思想为主的多元化思想。邱氏后裔受多元文化影响，其中道教作为一种传播广泛的宗教信仰，成为宗祠文化的重要内容之一。在民间塑造中，神明是被崇拜的对象，因拥有“神力”而受到世人的尊敬和膜拜。于是，“神仙”题材就成了祠堂中最为普遍的一种装饰要素，它折射出民众祈求平安、避免灾祸等心理需要，因而宗祠装饰中频繁出现三官爷、门神、财神、注生娘娘、明暗八仙等道教神祇。此外，以莲花和飞天为代表的佛教文化在祠堂的装饰上也得到了充分的体现。虽然外来文化如伊斯兰教、基督教也在宗祠建筑中有所体现，但仅仅起到点缀作用，影响力较弱。

（3）中国传统式样纹路。闽南建筑装饰艺术展现出强烈的地域文化特色，考虑当地的文化习俗，遵循“有构件必有纹样，有纹样必有内涵，有内涵包含吉祥”的原则，体现了闽南地区传统建筑的设计理念。与住宅建筑装饰相似，宗祠传统装饰广泛运用比喻、谐音和象征等表现手法，传统文化中象征吉祥的元素也在建筑中得到了大范围的运用，例如螭虎石雕窗、山龙纹、麒麟、花卉等，都广泛出现在宗祠建筑装饰中。

（4）闽南地区传统文化。福建临海，原乡居民多以渔业为生，他们与海洋产生了不可分割的联系。在宗祠建筑中，常见与海洋相关的图案，如船只和渔民斗浪的场景，展现了艰苦奋斗的品格。此外，许多人还怀揣着对老一辈去海外拼搏的尊重，因此常在宗祠建

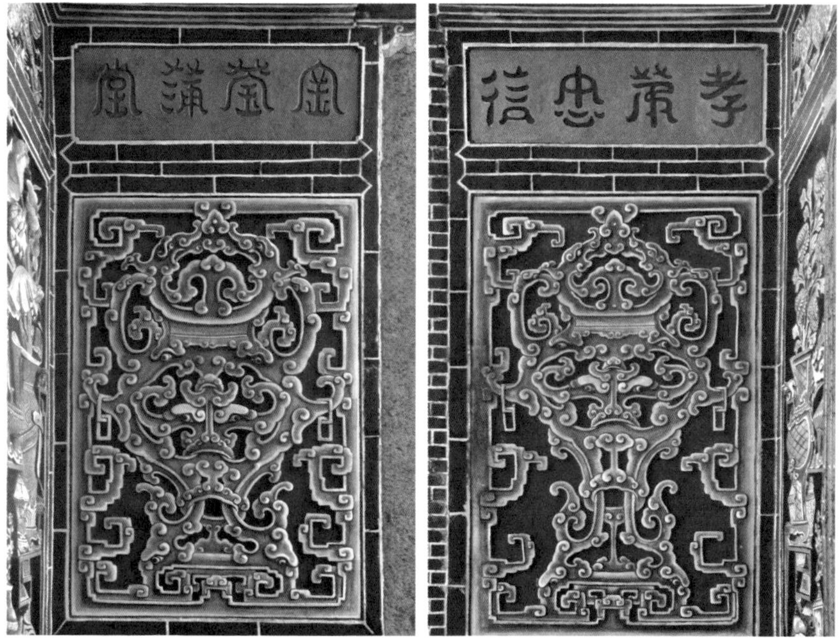

图 5-3 马来西亚龙山堂邱公司的建筑装饰

筑装饰上描绘前辈们扬帆远航的场景，以此提示子孙要向前辈们学习，不能忘记家族的奋斗历史，要有续写历史、勇于奋斗的精神。这些装饰不仅美化了建筑，还传递着家族的拼搏精神和传统价值观。

3.宗祠使用中的价值传承

华侨华人的祭祖活动通常沿袭传统方式，许多仪式和祖籍地的祭祖习俗相似。若家族拥有宗亲会馆或宗祠，祭祖活动往往异常隆重，遵循严格的礼仪程序；即便没有宗亲会馆或宗祠，华人社区中很多家庭内部也有神龛祭祖或祈神仪式。祭祖活动不仅是对先辈的追思，也是对家族历史的珍视和家族文化的传承。

四、马来西亚邱氏宗祠的空间布局研究

（一）空间形态分析

由图 5-4 可知，邱氏宗祠整体布局以中轴线为中心，南北两侧建筑对称展开。主要建筑包括龙山堂、宗议所兼办公室、戏台和周围的 62 间排屋及店屋等，整体建筑空间布局严谨，轴线明确，主次分明。邱公司主入口—主通道—戏台—中央广场—龙山堂为主轴，贯穿整个邱公司建筑群。龙山堂作为轴线上的重要建筑，其坐落位置被认为“风水好”，象征着福利的积聚。龙山堂总面宽七开间，平面呈现凸字形，它是由三个不同高层部分组成，即台基高近半层的拜亭、两楼的正屋身及左边单层的扶厝（用作厨房）。其建筑造型是殖民时代的一种混合体，以闽南一殿带拜亭的寺庙，巧妙结合槟城本土的初期洋楼而成。

在马来西亚，许多槟城人都不曾踏足过龙山堂，这可以从它的位置来解释。邱公司位于乔治市偏西南，核心建筑龙山堂隐藏在一

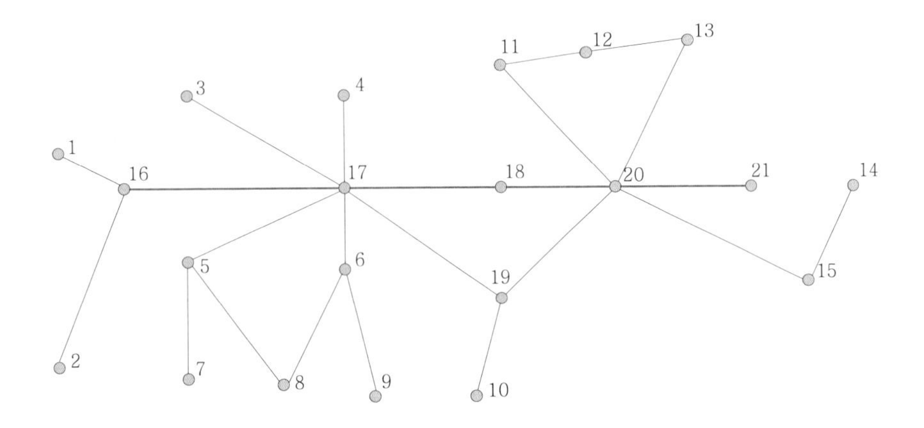

图 5-4　邱氏宗祠凸空间关系

1-2、14 排屋；3-6 十六间厝；7-10 打石街十六间厝；11、13 八间厝；12 中庭；15 次入口通道；16 大铳巷；17 主入口中央通道；18 戏台；19 宗议所兼办公室；20 中央广场；21 龙山堂大殿

片纵横交错的店屋和排屋之内，构成一个紧密的聚落空间。这种空间布局反映出邱氏家族的团结，同时也具有强烈的防御性。在动荡的殖民社会时期，这种聚落的形式类似于客家人的“围”“堡”或“土楼”，不同的是其兼具封闭性和开放性，店屋平时对外开放，必要时又可以完全封闭，以形成内部的安全空间。随着时代的发展和社会环境的稳定，现在的邱公司一共设有三个入口，分别是大铳巷的主入口、缎罗申街入口和本头公巷的侧入口。20 世纪之前，邱公司没有明显的出入口，广场与“八间厝”之间有一道围墙隘门，大铳巷比中央通道还要窄，迷宫般的空间布局使其具有良好的隐蔽性。

总体而言，邱公司建筑群整体空间形态是以龙山堂为中心，呈中轴对称、主次分明的格局。这种空间形态充分体现了邱氏家族的凝聚力，也反映出中国社会的文化传统和价值观念。

（二）空间整合度分析

如表 5-1 所示，通过凸空间分析发现，整合度较高的前三个空间分别是 17 号空间（I=2.9793）、20 号空间（I=2.4536）、19 号空间（I=1.8135）。其中，全局整合度最高的为 17 号空间（主入口中央通道）。作为整个邱公司的主要通道，其位于中轴线上并连接主入口，两侧为 16 间厝，是进出邱公司的必经之路，可达性高且拥有最高的整合度。其次整合度较高的是 20 号空间（中央广场）。作为整个建筑群的中心，中央广场周围连接众多主要建筑，东面是邱公司主建筑龙山堂，西面是戏台，南北两侧分别是宗议所和排屋，占地面积 600 多平方米。现如今，该空间不仅是游客到此参观游览的主要聚集地，也是活动举办的重要场所。19 号空间（宗议所兼办公室）整合度位列第三。宗议所兼办公室是供族人开会和处理族务之处，纵观邱公司整体空间布局，其可达性较高，可以更好地方便族人的聚集和事务的处理。与上述三个空间相比，其他空间整合度偏低，主要原因有三点：一是整合度较低的大多是排屋或者店屋，这些空间主要用于居住，需要一定的隐私性；二是部分整合度较低的空间如侧门及其过道，人流量小，且早期并不对外开放；三是从整体上看，整合度低的空间大多数位于建筑群边缘，可达性较低。

表 5-1　邱氏宗祠建筑群整合度统计

空间编号 Ref	连接值 Connectivity	整合度 Integration [HH]	局部整合度 Integration [HH] R3
1	1	0.8690	0.7857
2	1	0.8690	0.7857
3	1	1.2640	1.2830
4	1	1.2640	1.2830
5	2	1.3455	1.3746
6	3	1.4383	1.4804
7	1	0.8342	0.6823
8	1	0.8690	0.7857
9	1	0.8690	0.7857
10	1	0.9931	0.9807
11	2	1.1917	1.3180
12	3	1.2268	1.3873
13	2	1.1917	1.3180
14	1	0.7870	0.7333
15	2	1.2268	1.3873
16	3	1.4383	1.4804
17	7	2.9793	2.9793
18	1	1.1586	1.2552
19	3	1.8135	1.8135
20	8	2.4536	2.4536
21	1	1.1586	1.2552

（三）空间功能分析

空间功能与整合度密切相关，不同的空间使用功能会使整合度有所不同。在邱公司建筑群中，19 号空间（宗议所兼办公室）是整合度最高的建筑空间，这是其重要的办公功能所决定的。而 21 号空间（龙山堂大殿）和 18 号空间（戏台）的整合度相较于其他空间并不高，这是由于龙山堂作为整个建筑群的主体建筑主要承担着祭祖、祭神等功能，而戏台主要的功能是演戏酬神和娱乐宗亲，两者功能相对较为单一。这两类建筑的功能定位使得其与周围建筑难以形成有效的互动和联系，在空间布局上往往比较独立，影响了其整合度。3 号空间、4 号空间、5 号空间、6 号空间等均为排屋，其整合度略高于龙山堂和戏台，究其原因，一是因为排屋采取线性的布局方式，每一排房屋都能够直接面向中央通道或大铳巷，交通流动频繁，提升了空间活力，极大地促进了排屋之间的互动和交流；二是因为排屋功能多样，包括住宅、商业等，功能的多样性使得不同功能之间能够相互补充和支持。

邱氏宗祠建筑群作为传统社会的重要建筑空间，其使用功能随着时代的变迁也发生了转变。龙山堂原主要用于祭祖、祭神等，是宗族成员维系宗族认同的重要场所。现今其同时作为历史文化的重要载体，通过展示传统文化吸引游客前来参观和体验，实现了宗祠空间的多元化使用。与龙山堂相对的戏台，也由原来以演戏酬神和娱乐宗族为主要功能，转变为开放给慈善团体或机构举办活动的重要场所。这些建筑使用功能的转变，进一步说明了传统建筑作为历史文化遗产的代表，在城市发展中具有独特的历史和文化意义。这种转变不仅在保护传统建筑的同时满足了现代社会的需求，也体现了东南亚华侨华人对环境可持续性发展的关注。通过合理的功能转变，传统建筑可以在社会发展的过程中焕发新生，持续传承其独特的价值。

（四）空间逻辑分析

宗祠建筑作为传统社会的公共空间、聚集场所，其空间布局展现出一种独特的逻辑。这种逻辑不仅体现在单个建筑的设计上，更体现在整个建筑群的组织和规划上。如图 5-5 所示，以 21 号空间（龙山堂大殿）为根节点绘制邱氏宗祠建筑群关系图解，可知主轴空间呈现中轴对称分布的特点，且从第 2 步深就开始与七个空间发生组构关联，这是 20 号空间（中央广场）作为主要集散场地的重要作用所决定的。17 号空间（主入口中央通道）—19 号空间（宗议所兼办公室）—20 号空间（中央广场）形成回环路，作为整个邱氏宗祠建筑群中整合度最高的三个空间，仅需 2—3 个步深便可到达，以此缔结其他局部空间的关系网络，使人们可以通过主回环路上的空间抵达其他子空间，进一步突出其核心地位。这种中轴对称、整体围

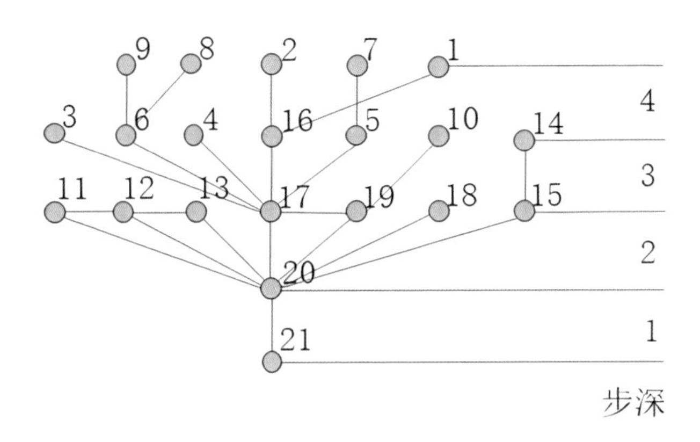

图 5-5　邱氏宗祠建筑群关系图解

合的布局方式，根源于邱氏族人从中国福建省漳州府海澄县三都新江社（今厦门市海沧区新江社区）迁徙至此的文化传统。17 世纪 80 年代至 18 世纪初，随着清朝海禁的开放，新江人出海贸易来到南洋，故邱氏宗祠建筑群的空间布局深受传统封建制度的影响，强调“对称”和“规整”。[1]

五、价值传承与空间布局的关系

（一）价值传承对宗祠空间布局的影响

祠堂是家族组织的核心，不仅是祭祖活动和供奉祖先神主牌位的场所，而且各种家族事务的处理和家族集会均在此进行，千百年来，祠堂象征着家族的权威，连接着家族的血脉关系。邱氏家族在福建地区的宗族体系已经接近成熟，家谱可分为大宗和小宗两种体系。宗族活动多以集体祭田或义田等形式开展，此类方法可提高宗族的总体收入，为宗族提供资金来源。在村落社会中，建立宗祠是家族努力的目标之一，除了承担祭祀祖先的职能外，宗祠还承担着家庭成员集体聚会、商议大小事务的作用。对于大姓家族而言，宗祠不仅是整个村落社会和空间的中心，也是家族地位的象征。

邱氏家族源自福建，在其原乡地，宗祠与村落之间形成了一种宅祠交融的关系，如图 5-6 所示，主要有中心式、并列式和线形三种布局形式。在福建宗族体系中，宗祠和庙宇并不是合二为一的一个整体，而是各自独立运作的两套功能体系。宗祠以村落为单位，

1 中国人民政治协商会议厦门市同安区委员会文史资料委员会编：《同安文史资料・宗祠专辑》，厦门：厦门大学出版社，2015 年。

是村落居民的集会中心，在承担着村民祭祀祖先功能的同时，也作为村民解决内部事务的场地，兼具祖先祭祀和事务商议的功能；而庙宇则是居民祈求神灵的场所，一般位于村落之外，远离居民区，体现出神界清净的意味。

从客家传统宗祠的布局来看，宗祠是以村落为单位的家族聚集场所，是全族祭祀祖先、举行祭祀仪式的重要空间。宗祠正对面通常布置戏台，用于宗族集会和祖先崇拜。若没有戏台，则会在宗祠

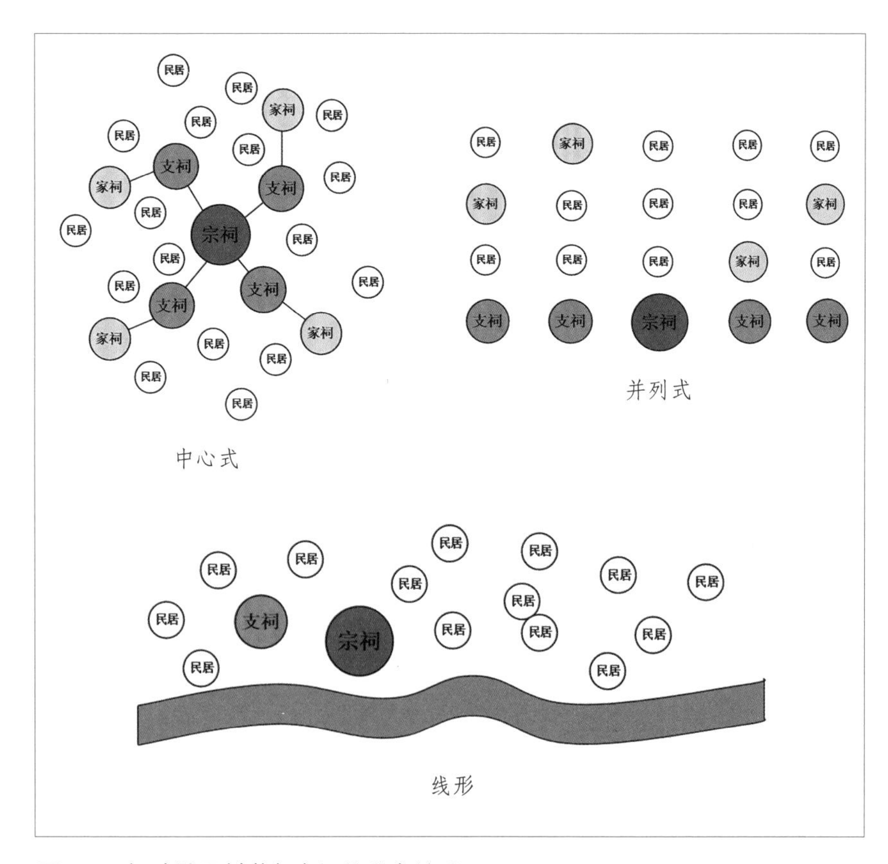

图 5-6 福建地区村落与宗祠的分布关系

前留出一段空地，形成简单的凹形空间，或设置无边界的广场，用于聚集人群。离宗祠不远处布置房祠，用于非正式的小型祭祀活动。宗祠和戏台一般沿中轴线布置，住宅于周围分散分布。

戏台也是宗祠的重要组成部分，根据福建地区传统宗祠的戏台布置与主体建筑（大殿）的关系，可分为三种布局形式，如图 5-9 所示，分别为戏台在建筑中，戏台与山门结合，戏台在山门之外。当宗祠内部的空间有限，没有多余的空间搭建戏台时，可以将戏台建在宗祠的山门外，与主体建筑保持一定距离，从而保证戏台空间足够宽敞。例如，邱氏原乡福建地区的永安青水安宁桥的戏台建于山门之外，戏台与山门、正殿和寝宫组成了建筑序列的中心轴线，建筑群呈现出沿中轴线对称布局的形态。虽然戏台和山门相隔较远，没有组成完全封闭的内部空间，但戏台和宗祠之间依然存在着不可分割的联系。

我国以宗法制度和等级制度为核心的儒家礼制，其历史可追溯至春秋时期，对中国文化和生活的影响绵延上千年。在建筑布局方

图 5-7　闽西传统乡村宗祠空间布局

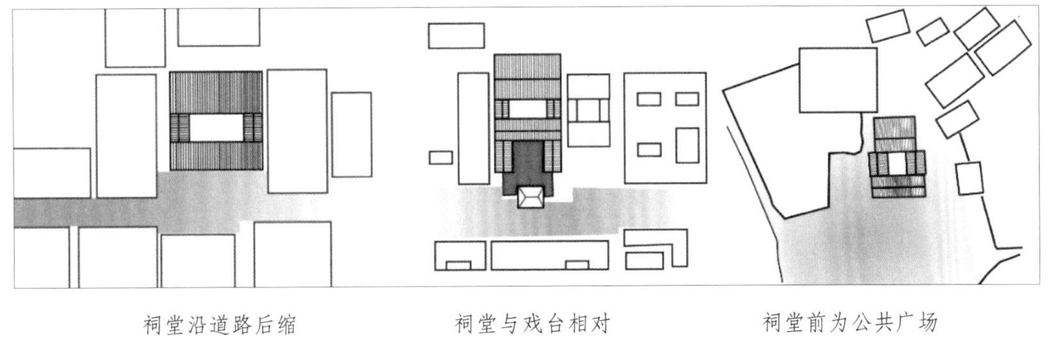

祠堂沿道路后缩　　祠堂与戏台相对　　祠堂前为公共广场

图 5-8　传统祠堂空间布局形式

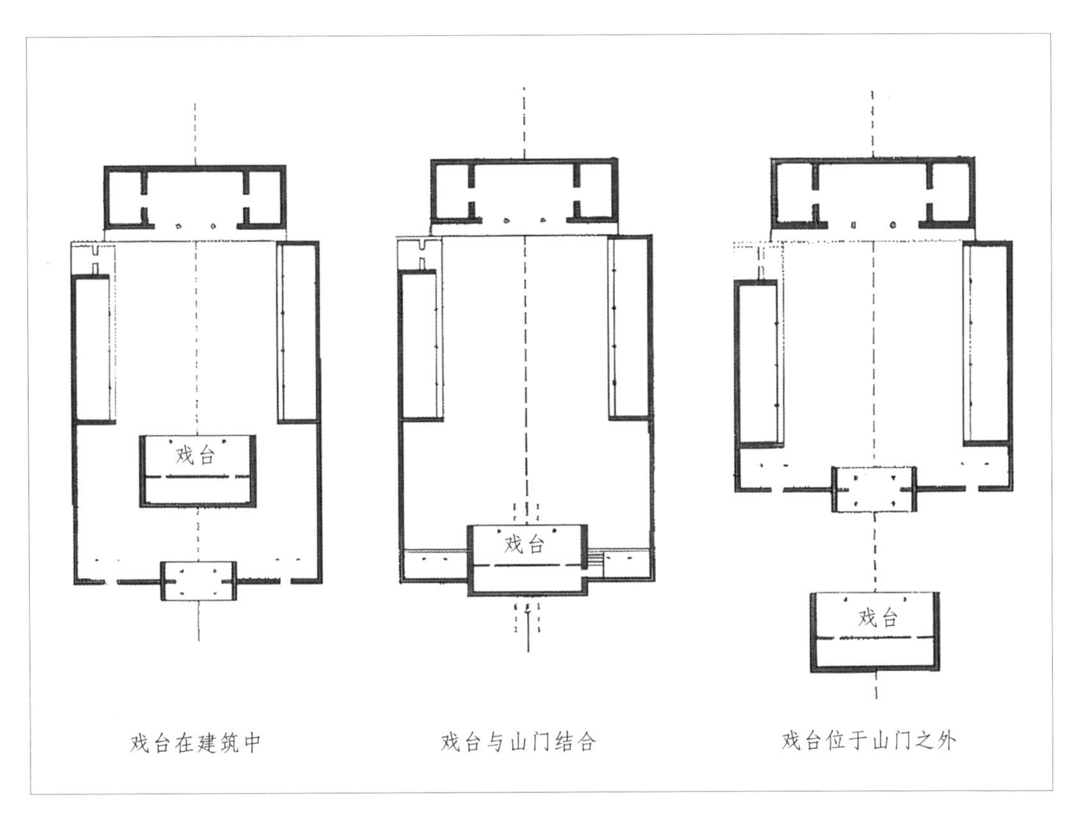

戏台在建筑中　　戏台与山门结合　　戏台位于山门之外

图 5-9　传统戏台与庙宇的位置关系

面，儒家礼制中“中为至尊”的思想深深影响着中国传统建筑的空间布局，从中国的传统建筑设计中可以发现，大到宫殿、庙宇，小到私人住宅，建筑的布局方式大都呈现出沿中轴线对称的状态。[1] 梁思成曾对中轴线有如下总结：“以多座建筑合组而成之宫殿、官署、庙宇乃至于住宅，通常均取左右均齐之绝对整齐对称之布局。庭院四周，绕以建筑物。庭院数目无定。其所最注重者，乃主要中线之成立。一切组织均根据中线以发展，其部署秩序均为左右分立，适于礼仪（Formal）之庄严场合；公者如朝会大典，私者如婚丧喜庆之属。”[2]

中轴对称的“礼制”对中国古代建筑和城市规划都有着极为深远的影响。所以，在宗祠和庙宇建筑的设计中，通常有一条起到统领作用的中轴线，主体建筑位于中轴线上，其他建筑沿着中轴线基本呈对称分布。正如在宗祠建筑群中，正殿通常位于中轴线的核心，而戏台则与正殿相对而设，其位置也一定位于整体建筑群的中轴线上。这种布局方式能保证建筑空间结构的对称性和秩序感，凸显庄重的空间氛围。

（二）宗祠空间布局在价值传承中的体现

由于远离家乡，邱氏家族在到达槟榔屿后为了更快地凝聚人心，选择了大家共同信仰的神明作为祭拜对象，而不是以家族祭拜为起始点。随着家族人口的增加和宗族势力的扩大，神明的作用逐渐弱化，因此，他们把原来用于祭祀和议会的空间改建成宗祠，整合了

1 陈支平：《近五百年来福建的家族社会与文化》，北京：中国人民大学出版社，2011 年。

2 梁思成：《中国建筑史》，江苏：凤凰文艺出版社，2023 年，第 8—9 页。

原乡地宗祠和庙宇的功能。这种发展方式与传统村落中同姓家族逐渐扩大，形成人口聚落后建立宗祠的过程有相似之处，虽然细节上有所不同，但本质上是相通的。

如图 5-10 所示，在邱氏原乡地福建地区，家族是以宗祠为中心进行集聚的。邱氏家族把这种布局模式巧妙地移植到槟城。五大姓公司均处于城市的商业街区，相互毗邻，形成聚落。另外，由于商

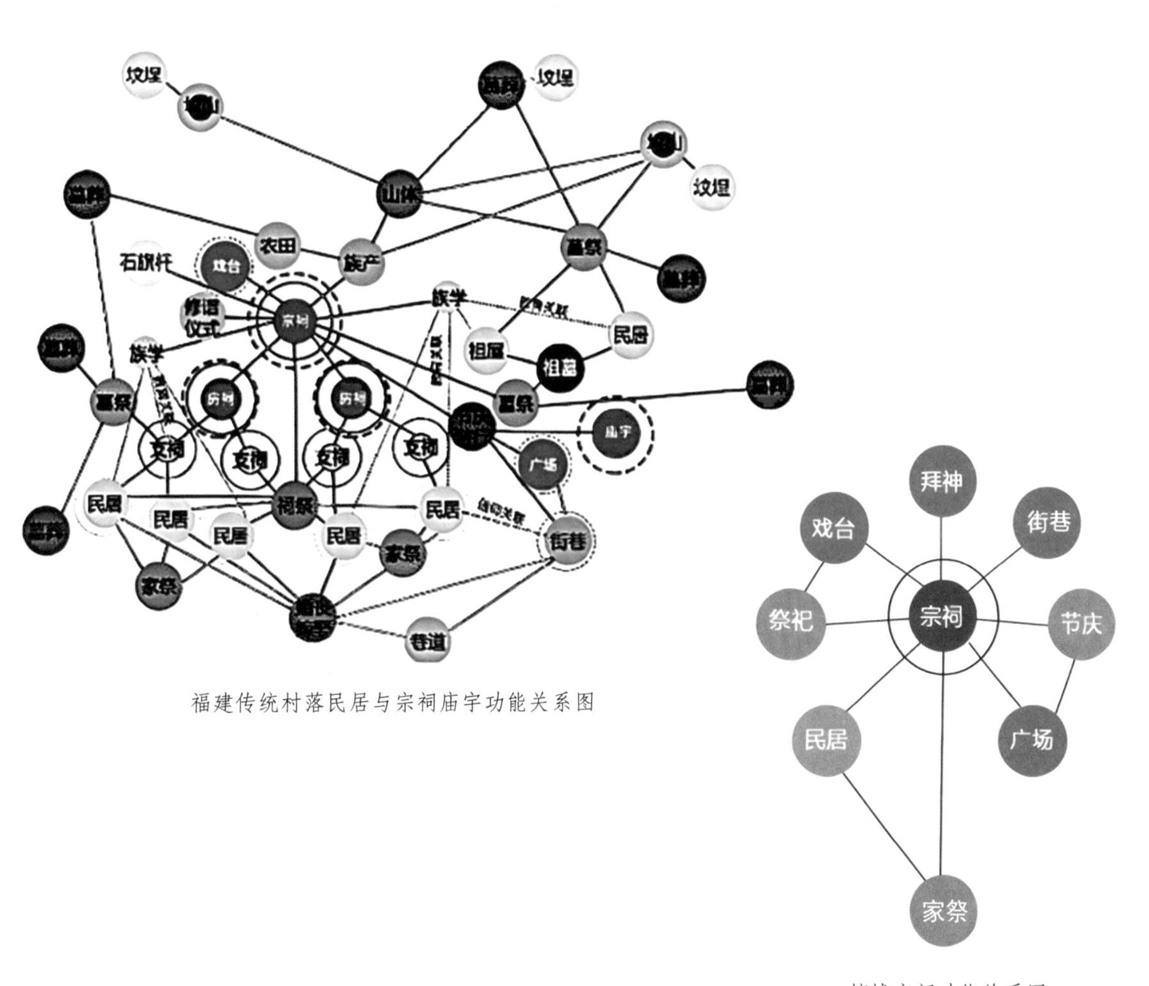

福建传统村落民居与宗祠庙宇功能关系图

槟城宗祠功能关系图

图 5-10　原乡地宗祠与槟城宗祠功能关系对比

业街的面积有限，各个家族的用地面积都较小，因此马来西亚地区的华人家族宗祠与寺庙通常会被合并在同一空间，形成“祠庙建筑”。这些祠庙建筑既用于祭祀神灵，也用于祭祀祖先和家族议事，例如龙山堂中殿的“正顺宫”。邱氏族人也和原乡居民一样，依据前辈们留下的宗族制度管理宗族中的大小事务，在大殿中附设宗议所。相比原乡宗祠分散的多房派布局，槟城宗祠的功能多被整合于同一空间。这种宗祠形式受制于商业街区的用地条件，同时也得益于良好的商业发展。家族通过出租商业街区的店屋收取租金，为家族活动提供经济支持。

如图 5-11 所示，龙山堂邱公司建筑群在整体空间布局上借鉴了中国传统村落宗祠的布局形式，但其住宅建筑并不是散布状态，而是呈现出沿中轴对称的聚合形态。选择这种形式主要是因为用地条件的限制。传统村落大多比较偏僻，一个片区均归属一个村落，因

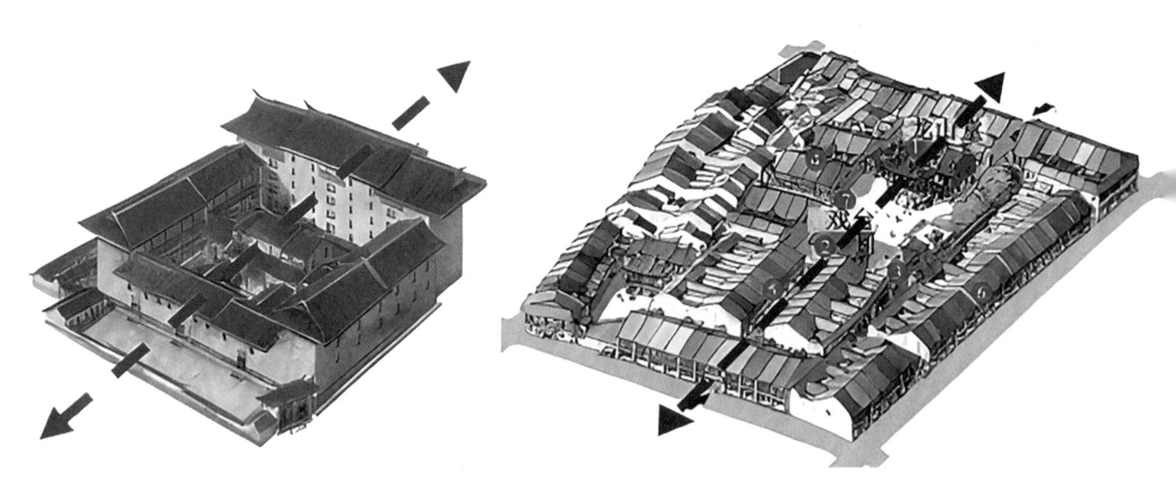

图 5-11　福建客家府第式土楼与龙山堂邱公司周围建筑群布置形式对比

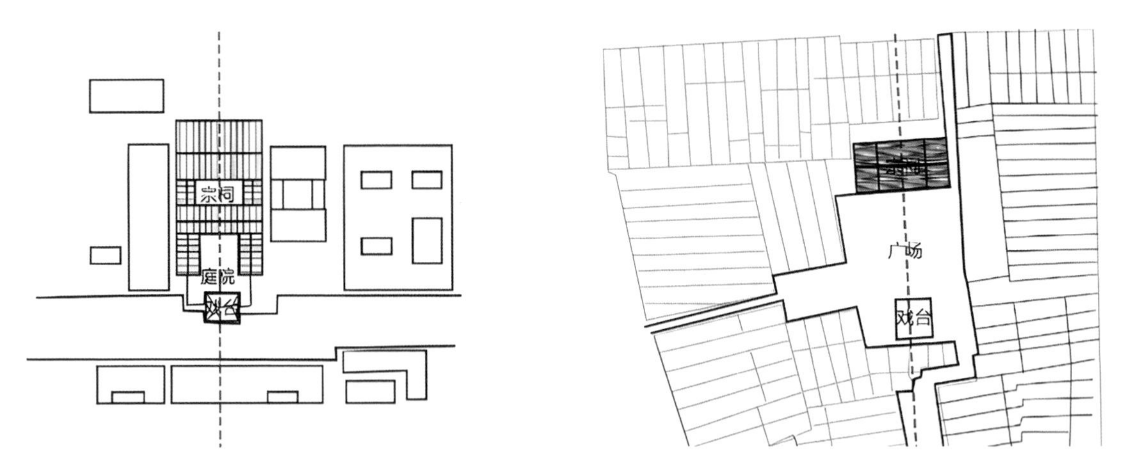

图 5-12 龙山堂与传统村落功能布局对比

此建筑呈现散布状态。而东南亚华人宗祠位于商业聚集区，建筑密度较大且人员复杂，散布的形式不适合家族的发展。因此，槟城宗祠周围的住宅以中轴为核心紧密分布，既体现出中国传统建筑群的布局特征，又适应了商业街区的环境需要。

从空间整合度来看，龙山堂邱公司建筑群的三个主要空间均位于中轴线上，体现了福建传统民居中轴对称的布局特点。建筑群整体布局规整，一条中轴线通道连接各空间，是建筑群的主要交通道路。与传统建筑群布局方式不同的地方是，传统建筑群一般由多重院落组成，而邱公司建筑群只有一个中央广场作为主要的集散空间，中央广场成为中轴线上的重要空间节点。

如图 5-12 所示，龙山堂邱公司的戏台借鉴了传统宗祠和神庙的特点，位于正殿南侧的建筑中轴线上。其与正殿间的空地既可以是戏台的观众空间，又可作为正殿的前庭使用，提高了空间的利用率。戏台位于中轴的中间序列，在空间上起到了承上启下的作用，为前置空间的路径提供了缓冲，同时也是大殿前庭空间的提示。其整体空间布局借鉴了原乡地的宗祠和庙宇的布局形式，但融合了更多的功能。原乡地宗祠前通常为小型院落，或宽阔的大广场，龙山堂邱公司结合了两种布局方式的特点，将宗祠、戏台和广场结合在一起，形成了一种既有传承价值又适应多种功能需求的新型空间布局形式。[1]

（六）结论

本节以龙山堂邱公司为例，运用文献分析法和空间句法，对该建筑群进行了深入的量化分析。利用文献分析法对龙山堂邱公司的发展历史进行梳理，发现龙山堂邱公司的建筑空间布局与价值传承有着密不可分的联系，邱氏宗祠建筑群整体布局受中国传统礼制影响较深，并且借鉴原乡地宗祠建筑布局方式，在功能上更符合当地华人的风俗习惯。利用空间句法对空间形态、空间整合度、空间功能和空间逻辑等多个方面进行研究，结果显示，邱公司建筑群整体空间形态是以龙山堂为中心，呈中轴对称、主次分明的格局，这种空间形态充分体现了邱氏家族的凝聚力。从空间整合度来看，该建筑群整合度最高的是主入口中央通道，其次是宗议所兼办公室。综上所述，龙山堂邱公司建筑群的空间布局融合了福建传统居住建筑、宗祠及庙宇的多种特征，是原乡地建筑模式在东南亚地域背景下的适应与再创造。龙山堂邱公司作为东南亚宗祠建筑群的典型代表，展现了其独特的空间布局特征和丰富的文化内涵，对于研究价值传承下的东南亚华人宗祠空间组织规律具有重要意义。

1 张锋、张桂红：《中国宗祠的起源与当代发展——传统宗祠研究系列之二》，《名家名作》2021 年第 3 期。

■第二节

东南亚风格祠堂：新加坡林氏大宗祠九龙堂

一、入选理由与分析框架

本节选择新加坡林氏大宗祠九龙堂作为研究案例，主要理由如下：

九龙堂建成于1928年，是新加坡海峡殖民地时代的建筑。该时期东南亚华人宗祠建筑在西方文化的影响下，出现了不少融合中西风格且体现东南亚特点的建筑，这些建筑带有鲜明的东南亚热带风情，即便是在当代的东南亚国家中仍然有很多此类建筑。由于这类建筑深深植根于东南亚的历史与现实，笔者把这种类型的华人宗祠归类于东南亚风格宗祠。九龙堂是新加坡华人宗祠中极具代表性的地标性建筑之一，故选择它作为东南亚风格的典型案例。

在新加坡达士岭组屋的紧邻之处，广东民路与寅杰路交会的繁华地带矗立着一片历史悠久的建筑群，其中最为引人注目的，便是门牌号为239的两层建筑。这栋建筑以其独特的西洋古典风貌脱颖而出，屋顶两侧对称设有精美的穹顶，尤为醒目。一对栩栩如生的石狮子傲立于大门两侧，守护着这座神圣之地。红漆大门庄重而华丽，门上绘制的两位门神威风凛凛，令人肃然起敬。抬头仰望，门楣上悬挂着一块金光闪耀的牌匾，上面镌刻着“九龙堂”三个大字，熠熠生辉。此处，正是新加坡林氏宗族的重要精神家园——林氏大

图 5-13　新加坡林氏大宗祠九龙堂（来源：《联合早报》）

宗祠九龙堂家族自治会，其承载着丰富的历史与文化内涵。

二、建筑外观与外部风格

（一）建筑外观

九龙堂选址在广东民路，因为此地“凭山俯海风景殊佳”。九龙堂信托委员会聘请著名的建筑师事务所 Westerhout & Oman 设计，委托人为林路。这座被林氏宗族称为“祖厝”的建筑，平面为长方形，面阔为三开间，主入口凹进设置，双柱形成前廊，入口左右两侧各有一部楼梯，室内分前后堂两部分，二层为无隔墙的开敞空间，三层为屋顶天台，由右侧楼梯通达，天台正中设置一凉亭，左侧楼梯上部的穹顶空间则作为储藏室。

九龙堂建筑被市区重建局评定为二级区内保留建筑，山花泥塑的“1928”显示该建筑落成于1928年，主入口两侧墙上的大理石碑记录了九龙堂的来源。右侧碑记题为《始建新嘉坡九龙堂记》，落款为“裔孙云龙谨识、裔孙子英敬书”，时间是“中华民国十七年岁次戊辰腊月吉旦”（1929年1月或2月）。左侧碑记题为《新嘉坡新建九龙堂诸宗亲芳名捐款开列于后》，落款是“正总理志义、副总理国和、副总理水枞”与12位董事，时间是“中华民国拾捌年岁次己巳十月”（1929年11月）。

九龙堂采用钢筋混凝土为建筑材料，结构特殊，空间宽敞。地面铺设水泥花砖，墙裙满铺彩色装饰性瓷砖，西式建筑风格与中式传统祭祀功能相结合，一层前堂正面设有左、中、右三座木雕神龛，前后堂之间以门洞连通，后堂正中及两侧各设一座神龛，前堂高悬历代林氏宗亲获得的状元、探花、榜眼等功名牌匾，红底鎏金的色彩营造出华丽的祭祀氛围。

（二）外部风格

新加坡是东南亚交通枢纽，自古以来即为南海商贸要道。宋元以来，妈祖文化随移民潮从中国闽粤传入并扎根新加坡。1819年，新加坡成为英国殖民地后，英国殖民政府积极吸引商船赴新加坡促进贸易发展。林氏大宗祠九龙堂的建筑外观正是这一时期中西文化交融的产物。19世纪初，随着英国东印度公司在新加坡建立贸易站，欧洲的建筑风格和建筑技术传入新加坡，包括哥特式、巴洛克式、新古典主义等风格。这些建筑风格与当地的气候、文化相结合，

图 5–14　新加坡林氏大宗祠九龙堂内景（来源：《联合早报》）

为新加坡带来了全新的建筑风貌，形成了独特的建筑形式。九龙堂运用现代技术和材料重现传统建筑形式，这种融合使得建筑在保持历史韵味的同时，也具备了现代建筑的坚固性和耐用性。例如，罗马柱、尖塔和八角房等欧式建筑的典型元素在九龙堂的建筑外观中随处可见，但它们的材料和施工方式往往更加先进和环保。新加坡的现代主义建筑在追求实用性和效率的同时，也注重美学和舒适度。这种设计理念在九龙堂的设计中也得到了体现。建筑师们在设计过程中，既会考虑建筑的功能性，也会关注其外观的美观性和与周围环境的协调性。随着国际交流的增多，新加坡的建筑师们有机会接触到更多的国际先进设计理念和技术。他们将这些理念和技术与当地的建筑风格相结合，创造出了具有新加坡特色的欧式建筑。

九龙堂的设计也深受欧洲建筑风格的影响，在细节和装饰上极为讲究，无论是建筑的外立面还是内部空间，都充满了精美的雕刻、图案和装饰。例如，大门和窗户采用了精致的雕刻和镀金装饰，墙体上则镶嵌着瓷砖或马赛克图案。这些装饰不仅增添了建筑的美感，也体现了当时工匠们的精湛技艺和审美情趣。在色彩搭配和材质选择上，也充分体现了该建筑设计的独具匠心。由于新加坡地处热带地区，气候炎热潮湿，因此九龙堂在色彩上以浅色为主，以反射阳光和降低室内温度。同时，建筑材料的选择也注重耐用性和适应性，如采用石材、砖块和混凝土等坚固耐用的材料来构建建筑的主体结构。九龙堂的整体设计兼具功能性和象征性，一方面，它作为实际使用的空间满足了人们居住、办公等需求；另一方面，它也通过其独特的外观和装饰传递出特定的象征意义和文化内涵。

三、内部陈设与装饰风格

（一）建筑内部

1. 铺装：深得东南亚建筑精髓

林氏宗祠的设计融入了东南亚建筑精髓，标志性特色为东南亚的水泥花砖。水泥花砖因建筑装饰潮流逐渐盛行，成为当时地面和墙面装饰的经典元素。这些手工打造的水泥花砖由色浆层与水泥砂浆精心压制而成，可以大面积无缝拼接。其耐磨、易清洁、防潮防霉等特性使得地砖在使用过程中更加耐用和方便维护，历久弥新，兼具美观性和实用性。

林氏宗祠的大厅、走廊及房间地面铺设了具有东南亚风格的花砖，巧妙融合南洋与西式元素，同时注重适应闽南文化的特点，地砖图案以三角、菱形、圆形等几何形状对称排列，抽象花卉造型也颇为常见。该设计不仅保留了传统东南亚地区的自然风情和复古元素，还融入了现代的设计理念和材质选择。这种复古与现代的结合使得南洋风格地砖在保持传统韵味的同时又不失时尚感。这些图案通过点线面构成连续几何纹样，配以闽南人喜爱的鲜艳色彩，展现了中西文化交融之美，营造出大气愉悦的视觉效果。

2. 书法牌位：祖宗安神之所

林氏宗祠大厅左侧墙面以飘逸苍劲的书法装点，直接体现了当地华人对中华传统文化的尊重和传承。书法作为中国特有的艺术形式，承载着深厚的文化内涵和历史积淀。在异国他乡，当地华人通过保留和展示书法作品，表达了对自身文化身份的认同和归属感，这些作品成为他们与祖国文化血脉相连的重要纽带。林氏大宗祠中的书法作品以其独特的艺术魅力和审美价值，成为宗祠内部装饰的重要组成部分，不仅丰富了宗祠的文化内涵，也提升了宗祠的整体艺术品位。林氏宗祠中的书法内容丰富，其中家训尤为突出，彰显了林氏对家风的重视，秉承朱子家训的精神，强调“静以修身，俭以养德”。宅内柱梁间镌刻家训联句，细述家族历史与未来期许。

虽然新加坡曾经历日本侵略的战火，林氏宗祠也不幸被敌军占领，一度损毁严重，但当地华人华侨们并未让其消逝于历史尘烟之中，他们随后展开了一系列修复工作，使宗祠重焕生机，更在宗祠内增设牌位供奉祖先，延续香火。19 世纪 50 年代，福建九龙堂公司成立，不仅推动经济合作，更成为乡情交流的纽带。1928 年，闽粤两地的林氏移民心怀对根脉的敬畏，共同创立了“林氏家族自治会”，着手兴建宗祠大厦，内置先祖牌位，以表敬仰之情。随着时代的变迁，1949 年，“林氏家族自治会”正式转型为“林氏大宗祠九龙堂庙”，不仅迎接当地所有的林氏宗亲，更在宗祠内增设了更多的牌位，使之成为整个林氏家族共同的精神寄托。20 世纪 50 年代，该机构进一步发展为“新加坡林氏大宗祠九龙堂家族自治会”，其影响力与凝聚力日益增强，成为族人团结的象征。同宗共祖的血缘与亲缘纽带，让林氏子孙在宗祠找到了归属感，强化了彼此之间的认同，共同守护这片承载着历史与记忆的神圣之地。

林氏大宗祠九龙堂除了联络宗亲情谊，最重要的功能是延续林氏家族的奉祀。一层供奉历代先祖、建祠功德者及各家神主牌，二层供奉被称为“祖姑”的妈祖林默娘。九龙堂供奉的神主牌多样，前堂中龛中最高处供奉着七尊林氏先祖牌，包括比干、林披、林禄、林放、林坚、林颖、林韬。九龙堂重要捐款人在前堂中龛中设有功德牌位，如林路、林庆年、林秉祥、林金殿等，甚至包括其父母、祖父母牌位。可以说，九龙堂是20世纪新加坡林氏先贤的最后相聚之地。一些创办人的家族成员神主牌亦供奉于此，目前已辨识出林路家族神主牌多达八尊，包括林路及其正室陈水莲、三夫人库氏、长子金水、长孙玉松、四子炯轩、七子瑞轩、十子金章等。

九龙堂，一座虽以欧式建筑为骨，却深植宗族祭祀之魂的建筑，其牌匾与题刻如同点睛之笔，赋予了其以华夏之魂，展现了东南亚地区中西交融的独特风貌。

图 5-15　书法牌位（来源：《联合早报》）

从制作工艺与呈现手法上细分，九龙堂的牌匾题刻可归纳为三大类别。第一类为水泥牌匾。九龙堂的水泥牌匾是新兴材料与传统技艺结合的典范。最为引人注目的莫过于门廊前那对横跨两层的罗马柱，其上以红底金字浮雕形式镶嵌的对联，出自泉州进士兼书法家林翀鹤。一层正门之上，“九龙堂”三字以水泥凸版呈现，饰以鳞状纹理，并涂以金粉，与二层“林氏大宗祠”五个金漆水泥凹版大字遥相呼应，二者之间还悬挂有林拱河捐赠的金色对联，相得益彰。

第二类，则是装饰意味浓厚的木制牌匾。一层前堂的天花板下，悬挂着多幅金底黑字与红底金字的牌匾，为祭祀空间增添了几分庄重与华丽。中龛之上，三幅宋仁宗御赐的匾额尤为珍贵，中间“忠孝”二字熠熠生辉，两侧则是褒扬林氏家族的御制诗篇。左右两龛在 1948 年建造时，亦循此风，上悬匾额，比例随神龛宽度调整，雕刻技法各异。堂内还陈列有彰显林氏历代科举辉煌的功名牌匾十六幅，记录了八位状元、四位榜眼、四位探花的成就。此外，九龙堂内还藏有六幅巨型黑框白底黑字木刻贴雕，其中四幅分列前堂两侧墙间，分别镌刻着“忠”“孝”“廉”“节”四字，细品之下，堂中“忠孝”二字竟各具风姿，韵味迥异。另两幅则悬于后堂门洞两侧，内容取自北宋泉州太守蔡襄所作的《万安桥记》，原为洛阳桥之阴雕石碑文，因九龙堂之建，匠人巧妙复刻于木上，使这千古楷书佳作远渡重洋，在东南亚绽放异彩。

最后一类，则是由宗亲们敬献的木刻对联。正门两侧曾悬挂的对联虽在日占时期遗失，但 1948 年由林庆年率董事会复刻的新作再现其风貌。大门内侧，“万派同源”金底黑字匾额高悬，为 1929 年厦门忠孝堂董事所赠，其手绘金漆边框上，“厦门曾姑娘街林惠益号木器店造”字样隐约可见，表明九龙堂牌匾源自故土。二层妈祖厅

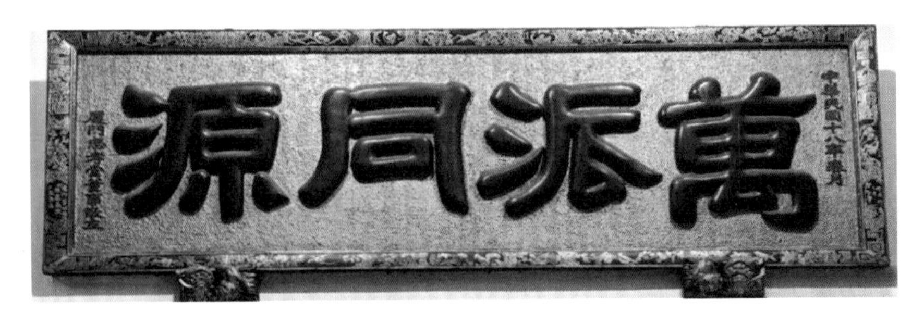

图 5-16　牌匾题刻（来源：《联合早报》）

中，三副对联皆颂扬林氏祖姑天后的慈爱与功德，其中两副黑底鎏金对联于 1988 年由合成发有限公司与和成发五金有限公司的林姓董事敬献；而最邻近妈祖神龛的一副，则以喜鹊梅花图案嵌字，采用鎏金镂空雕工艺，推测为妈祖龛落成后所献，更显虔诚与敬意。

■ 第三节

现代风格祠堂：印度尼西亚雅加达六桂堂宗亲会会馆

一、入选理由与分析框架

本节选择雅加达六桂堂宗亲会会馆作为研究案例，主要理由如下：

雅加达六桂堂是一座完全现代风格的建筑，其主要功能除了祭祖外，更多承载宗亲会活动场所的用途，在当代东南亚华人现代风格的宗祠建筑中很有代表性意义，故选择它为现代风格祠堂的典型案例，目的在于借由该宗祠建筑了解东南亚华人在现代社会中如何因应时势，在保留华人宗亲文化精粹的同时，积极融入时代特点和满足现代社会的新的变化与需求。

在19世纪或更早的时候，部分华人因经济压力、战乱或者社会动荡等原因迁移到了东南亚，包括印度尼西亚。[1]随着华人社群在雅加达逐渐壮大，这些初期移民为了维持来自同一地区的人们之间的联系和支持，建立了六桂堂。它不仅是一个宗族聚集地，也是文化传承、宗族活动和社会交流的中心。六桂堂是一种姓氏文化，涉及洪、江、翁、方、龚、汪六姓，起源于福建，后随着移民传播至世界各个角落。[2]2008年，雅加达六桂堂宗亲会于雅加达太阳城酒楼成立，由洪氏、江氏、翁氏、方氏、龚氏、汪氏六姓宗亲共同发起。

六桂堂文化影响范围广泛，其总部设在美国洛杉矶，已在世界数十个国家设立分会，包括印度尼西亚的雅加达、泗水、棉兰、巴眼亚比、奇沙兰等地。在东南亚等华人聚集区，六桂堂作为宗亲会的象征也发挥着重要的文化纽带作用。[3]在这些地区，六桂堂宗亲会不仅承担着联络侨胞的功能，还通过各种形式的建筑与文化活动展现家族的凝聚力与文化传承，印度尼西亚雅加达的六桂堂宗亲会会馆便是其中的一个代表。在印度尼西亚，雅加达六桂堂等华人宗族堂口担负着重要的社会功能，包括提供社会支持网络、进行文化和宗教活动，以及促进经济合作。雅加达六桂堂作为华人文化的一个标志性建筑，其设计、装饰、艺术风格都体现了中印尼文化交融的特点，彰显了深厚的宗族信仰。该建筑既具有功能性，又蕴含着深

1 高荣伟：《下南洋：历史上持续时间最长的人口大迁徙》，《寻根》2014年第4期。

2 方煜东：《慈溪六桂堂文化探析》，《浙江档案》2008年第6期。

3 张晶盈：《东南亚华人文化认同的内涵和特性》，《华侨大学学报（哲学社会科学版）》2021年第3期。

刻的文化和象征意义。随着时间推移，六桂堂逐渐从简单的宗族聚集地变为具有重要社会、文化和经济影响力的组织。

雅加达六桂堂作为印度尼西亚华人社区的文化与社交纽带，不仅承载了丰富的历史和文化遗产，同时也是华人在海外保持文化身份与传承的重要基地。本研究旨在深入探讨雅加达六桂堂的建筑特征及其在全球化时代下的文化适应性，从而理解这一传统机构如何在传承华人文化精粹的同时，也积极融入和响应现代社会的需求。

二、雅加达六桂堂的建筑特征

（一）地域性与本土化改造

雅加达六桂堂在建筑设计上充分体现了地域性与本土化改造。[1]由于雅加达地处热带气候，六桂堂在传统建筑的基础上作了一些本土化调整，如采用大屋顶、宽敞的走廊、通风系统等，以适应高温潮湿的环境。在建筑材料选择上，与中国传统建筑多以木材为主不同，雅加达六桂堂更多使用本地建筑材料，如砖石、陶瓷等，这些材料更耐热和抗潮。这些本土化改造展现了建筑设计对自然环境的适应。

（二）传统与现代的融合

在现代建筑形式与传统宗祠文化的结合上，雅加达六桂堂展示了一种独特的融合美学。六桂堂的建筑风格深受中国传统宗祠文化

1 赵美婷、王敏：《华侨建筑形态与宗族意义场所的重构——陈慈黉故居的建筑地理学研究》，《热带地理》2016 年第 2 期。

的影响，具有明显的对称性和轴线布局特点，体现了儒家思想中的“中庸”与“和谐”理念。整体布局强调中轴对称，层次分明，既体现了家族的等级秩序，又在视觉上营造出和谐对称的美感。

雅加达六桂堂宗亲会会馆采用现代建筑材料——钢筋混凝土建造，是一座功能多样的现代化建筑。与中国本土的六桂堂相比，雅加达六桂堂会馆的建筑风格更加现代化，但其空间布局与功能划分依然保留了浓厚的传统宗亲文化色彩。这种现代化建筑形式的选择反映了当地华侨在全球化背景下对建筑功能性和实用性的考虑，同时也展示了传统宗祠文化在海外的适应性和延续性。

（三）功能性空间布局

雅加达六桂堂宗亲会会馆的建筑格局分布合理，充分体现了功能性与文化传承的有机结合。其格局分布如下：

第一层：传达室。作为入口区域，传达室负责会馆的安保和日常接待工作。它不仅是进出人员的登记场所，也是会馆日常管理的中枢。这一设置体现了现代宗亲会馆在功能规划上的合理性和实用性，确保了会馆日常运营的安全和有序。

第二层：多功能礼堂和休息室。多功能礼堂是宗亲会举办各种庆典、会议和集体活动的重要场所。其灵活的设计可以同时适应多种用途，包括宗亲会议、家族庆典、文化活动等，体现了建筑的现代性，同时也为传统宗族活动提供了一个展示和传播的平台。休息室则为前来参加活动的宗亲们提供了一个交流和互动的空间，进一步强化了宗亲会的联络功能。

第三层：会务办公室。作为宗亲会的管理机构，会务办公室负责处理会馆的日常事务及各种宗亲会的行政工作。办公室的设置体现了宗亲会的组织性和现代化管理思路，确保了宗亲会的顺利运行。它不仅是宗亲事务的管理中心，也是宗族文化活动的策划与执行机构。

第四层：娱乐歌厅。宗亲们每个月会于宗亲会馆会面一次，提出各项意见并进行聚餐。故会馆设有娱乐歌厅，迎接宗亲到会馆参加各项活动。这一娱乐设施的设置表明海外华人社会对现代娱乐形式的接受，娱乐歌厅不仅是宗亲们日常娱乐、放松的场所，也在一定程度上承载了社交属性。通过娱乐活动，宗亲们可以加深彼此间的情感联系，同时这种现代化的设施也吸引了更多年轻一代宗亲的参与，使得宗族文化在娱乐氛围中得以延续和传承。

第五层：六桂堂宗祠。宗祠位于会馆的最高层，象征了宗亲文化中对祖先的尊崇与传统宗族文化的核心地位。尽管整栋建筑采用现代风格，但宗祠的存在赋予了其深厚的历史文化意义。作为宗亲活动的精神中心，宗祠是祭祖仪式和家族聚会的场所，也是家族凝聚力的象征。通过定期的活动，宗亲们共同缅怀祖先，传承家族文化。

（四）材料与装饰的选择

在材质与装饰风格方面，六桂堂采用现代建筑材料，以钢筋混凝土、石材为主，辅以玻璃、木材等材料作为装饰材料。六桂堂的室内装饰采用了大量的木雕艺术和传统中国绘画，木雕部分通常雕刻有精美的花纹图案，如龙、凤、麒麟等吉祥纹样，特别是在梁柱、门窗等细节处。这些装饰不仅在视觉上增添了美感，还承载了祈福、驱邪的象征意义，充分反映了中国岭南传统雕刻工艺的精湛技艺。

（五）色彩运用与艺术表达

色彩的运用在雅加达六桂堂的设计中同样重要，六桂堂的色彩运用遵循了中国传统的“五色”观念，主要采用红、黄、青等寓意吉祥的色彩。[1]这些色彩的搭配不仅增强了建筑的视觉冲击力，也传达了家族兴旺、和谐的象征意义。此外，墙壁上的彩绘和壁画反映了中国岭南地区的民俗风情和宗族信仰，这些艺术元素与建筑融为一体，形成了独具特色的文化景观。

三、六桂堂与文化适应

六桂堂不仅是家族历史的见证，更在不同历史时期成为文化交流的重要场所，尤其是在海外华人与家乡之间的文化互动中起到了重要的桥梁作用。

（一）文化交流的中心场所

六桂堂作为华人社区的文化交流中心，在推动文化认同和增强社区凝聚力方面发挥着重要作用。通过组织各种文化活动，如春节庆典、中秋节庆典和各种展览等，六桂堂不仅强化了华人社区成员的文化根基，也向非华裔社群展示了丰富的中国文化。[2]

六桂堂因其家族的历史渊源，与海外各地华侨华人保持着密切的联系。每逢重大节庆或两年一度的宗亲会，许多海外侨胞便会齐

1 余雯蔚、周武忠：《五色观与中国传统用色现象》，《艺术百家》2007 年第 5 期。

2 张晶盈：《东南亚华人文化认同的内涵和特性》，《华侨大学学报（哲学社会科学版）》2021 年第 3 期。

聚于六桂堂，通过这一平台加强与祖国的文化认同。这种文化交流不仅限于情感上的共鸣，也通过建筑中的文化符号表达出来。比如，堂内的一些雕刻、壁画、楹联等艺术作品寄托了侨胞对故土的思念和对家族传统的自豪感。

（二）文化符号的跨文化传播

六桂堂的建筑蕴藏了丰富的文化符号，这些符号在跨文化传播中发挥了独特作用。例如，建筑中的龙凤雕刻及代表吉祥的祥云纹样符号，作为中国文化的重要象征，通过家族交流的纽带传播至世界各地。这些符号不仅强化了海外华侨华人的文化认同，还成为海外社会认识和欣赏中华文化的重要桥梁。六桂堂因此不仅仅是一座建筑实体，更是中国岭南文化对外输出的象征性载体。

（三）艺术与文化展览的平台

近年来，六桂堂还积极举办各类文化活动和艺术展览，通过这种形式使传统文化得以活态传承，不仅为本地艺术家和文化工作者提供了展示的舞台，也为广大市民提供了接触和学习中国文化的机会。例如，春节期间，六桂堂内会举办传统的舞龙舞狮表演、民俗文化展览等活动，不仅可以吸引大量游客和当地居民，还能增强华人社区对中华文化的文化认同感。

（四）全球化下的文化适应

在全球化的背景下，六桂堂展示了如何在外部环境的挑战中保持文化传统的稳定和发展。雅加达六桂堂宗亲会会馆的建筑设计实现了现代化与传统文化的结合，是华侨在异国他乡适应新的社会环境并延续文化认同的典范。尽管建筑本身采用了现代化的设计和功能布局，但会馆的核心——六桂堂宗祠依然保留了传统宗亲文化的精髓。这种现代与传统相结合的建筑模式，不仅满足了华侨日常生活与社交的需求，还有效传承了宗族文化的精神。

会馆宗祠、礼堂等功能空间的设计充分体现出雅加达六桂堂宗亲会在快速变化的现代社会中，依旧坚守并弘扬了华人宗亲文化的核心价值。这种文化适应性表现在建筑功能的多样化、空间的灵活利用，以及传统文化的地域性特点和象征性传承上。尽管身处异国他乡，雅加达宗亲会仍然通过建筑形式和文化活动，维系了华人社会对传统的认同和归属感。

（五）作为海外文化的桥梁

六桂堂在海外华人社群中发挥了文化桥梁的作用，不仅增强了不同地区华人的联系，也促进了中华文化与其他文化的交流和融合，为构建包容、互相尊重的多元文化社会作出了贡献。雅加达六桂堂宗亲会不仅仅是当地华侨的文化中心，也是中印尼文化交流的重要平台。宗亲会通过组织文化活动、宗族庆典等方式，向印尼社会展示了中华文化的独特魅力，增强了两国人民之间的文化互信。此外，宗亲会还通过与中国六桂堂宗亲的联络，促进了中印尼两国在文化、经济、教育等领域的广泛交流。这种跨国文化交流模式，彰显了六桂堂在全球化背景下的文化传播功能。

总之，通过对雅加达六桂堂的建筑特征和文化适应性的深入研究，我们可以看到，现代建筑形式与传统宗亲文化的结合，是海外华人社会文化传承的典型范例。尽管雅加达六桂堂在设计上采用了钢筋混凝土等现代建筑材料，但其依然保留了传统宗祠文化的核心精神。作为印尼华人在雅加达地区的家族历史见证，六桂堂展现了中国传统建筑的独特魅力。它不仅是宗亲们日常生活与社交的中心，也通过宗祠和文化活动确保了家族文化的延续与传承。更重要的是，六桂堂通过建筑艺术与文化交流，成为连接海外华人社区与祖国文化的纽带。在全球化语境中，它不仅是华人社群重要的文化交流场所，还是文化适应与交流的先锋。六桂堂以其独特的建筑艺术和深厚的文化内涵，焕发出新的文化活力，在历史与现代之间架起了一座桥梁，持续推动着文化认同和全球范围内的文化互动。

第六章

结语

东南亚华人宗祠是历史的存在，也是现实的存在。宗祠是中华文化在海外传播的重要载体，亦是代表华人身份的重要文化符号。尤其是过去的一二百年间，华人大规模下南洋，东南亚成为海外华人最为集中的地区，让这一文化现象得以更加鲜明地展现。宗祠文化是华人文化特质的体现，敬宗孝祖的传统反映了华人内在的溯本求源心理。祖宗崇拜的印记始终深深地镌刻于东南亚华人的文化基因之中。近代以来，东南亚与其他地区一样，经历了极其深刻的历史变迁。在不同的历史环境里，华人始终能够因应环境，在变迁中保持自己的文化特性。在与不同国家和民族的相处中，秉持求同存异的态度，延续着包括宗祠文化在内的中华文化基因。正因如此，即便是在大规模入籍东南亚之后的华人群体中，祖宗崇拜及其外在载体——宗祠文化，依旧是东南亚华人文化认同的核心，是华人之所以为华人的根本特征。

华人宗祠建筑在东南亚发展演进的过程中，展现出丰富多样的形式，既体现了华人守望相助的心理特质，又展示了文化交流与融合的特点。诚如本书所揭示的，东南亚华人宗祠包括中式坛、庙、宇式祠堂，东南亚风格祠堂，现代风格祠堂，混合风格祠堂等多种形式，充分体现了华人灵活多变、因地制宜、顺应情势、文明互鉴的文化特征。实际上，即便是现代风格的华人宗祠，其外观设计上仍可辨识出鲜明的中华文化特质，家族堂号匾额、对联和写有姓氏的宫灯等装饰符号营造出了浓厚的宗族文化氛围。守正统、敢创新是东南亚华人宗祠建筑发展的典型特征，但无论外在形制如何变化，其核心功能却始终如一，祠堂的关键部位一定是祖宗灵魂安置之所，是家族祭祀的核心之地。在华人宗祠的祭堂之中，神主牌位、祖宗容像、祭祀礼器等无不具足，完整呈现了祭祀文化的核心要素。

本土化是东南亚华人不可避免的趋势。在马来西亚华人聚居区的建筑仍然保留有浓厚的闽南风格，如屋脊装饰中常见的闽南嵌瓷工艺。此外，马来西亚不少土生华人兼具华人与南洋血统，这种多元背景使他们能够更好地融入当地的社会与生活。然而，在传统的宗族礼仪方面，他们依旧遵循华人家族的规范。如泰国的华人群体，即便部分人不会汉语，依然会参与家族祭祀活动。这种文化融合使得华人入籍住在国之后，其文化性格不可避免地刻上国籍国的文化烙印。宗祠建筑形制便是这种融合的生动体现。在保持祭祀核心元素的基础上，东南亚华人宗祠往往也会带有典型的当地风格，这在一定程度上也反映出东南亚各国不同时期文化元素的浸濡。例如，缅甸华人宗祠常兼有佛教庙宇的鲜明特色；部分新加坡华人宗祠结合了早期海峡殖民地时期南洋骑楼和西式建筑的特点；泰国的华人宗祠文化则融入了泰国王室和泰文化的深刻印记。这些特征不仅符合华裔转化为当地国籍公民后的政治身份与国家认同，也能体现出中华文化的兼容并蓄。正是在这种转化与融合中，中华文化得以生存与发展。总而言之，东南亚华人宗祠文化与祭拜传统，在变与不变之间，实现了宗族文化的代际传承。

文化，实际上就是“文以化之”。博采众长、兼容并包，一直是中华文化的重要特点。东南亚华人宗祠文化的演进和发展，正是华人群体在不同的历史与地理环境中适应发展的结果。华人的独特文化特征之所以能够在复杂多变的环境中得以保存，一定是有其深刻原因的。尊重并保护文化多样性，是国际社会普遍认可的理念，也是东南亚华人宗祠得以保存的极为重要的原因。“君子和而不同”，彼此尊重和认同，以实现文明之间的互鉴与融通，是不同族群文化能够得到长久发展的根基。更何况，在经济全球化的今天，不同种群和族群的交流已是大势所趋，互鉴与合作应该成为彼此共同发展的基础。在“一带一路”倡议的推动下，华人宗祠及宗亲文化就是中国与东南亚各国及其人民交流的纽带。

笔者相信，随着“一带一路”倡议的深入推进，在中国与东南亚各国紧密交流和共同发展的背景下，华人宗祠及宗亲文化必将在保存既有文化传统的基础上，盛开出新的时代之花。

附录

东南亚华人宗祠（会馆等）建筑风貌实录

张锋 摄

马来西亚槟城李氏宗祠

马来西亚槟城李氏宗祠“陇西堂”牌匾

马来西亚槟城李氏宗祠“树德崇功”牌匾

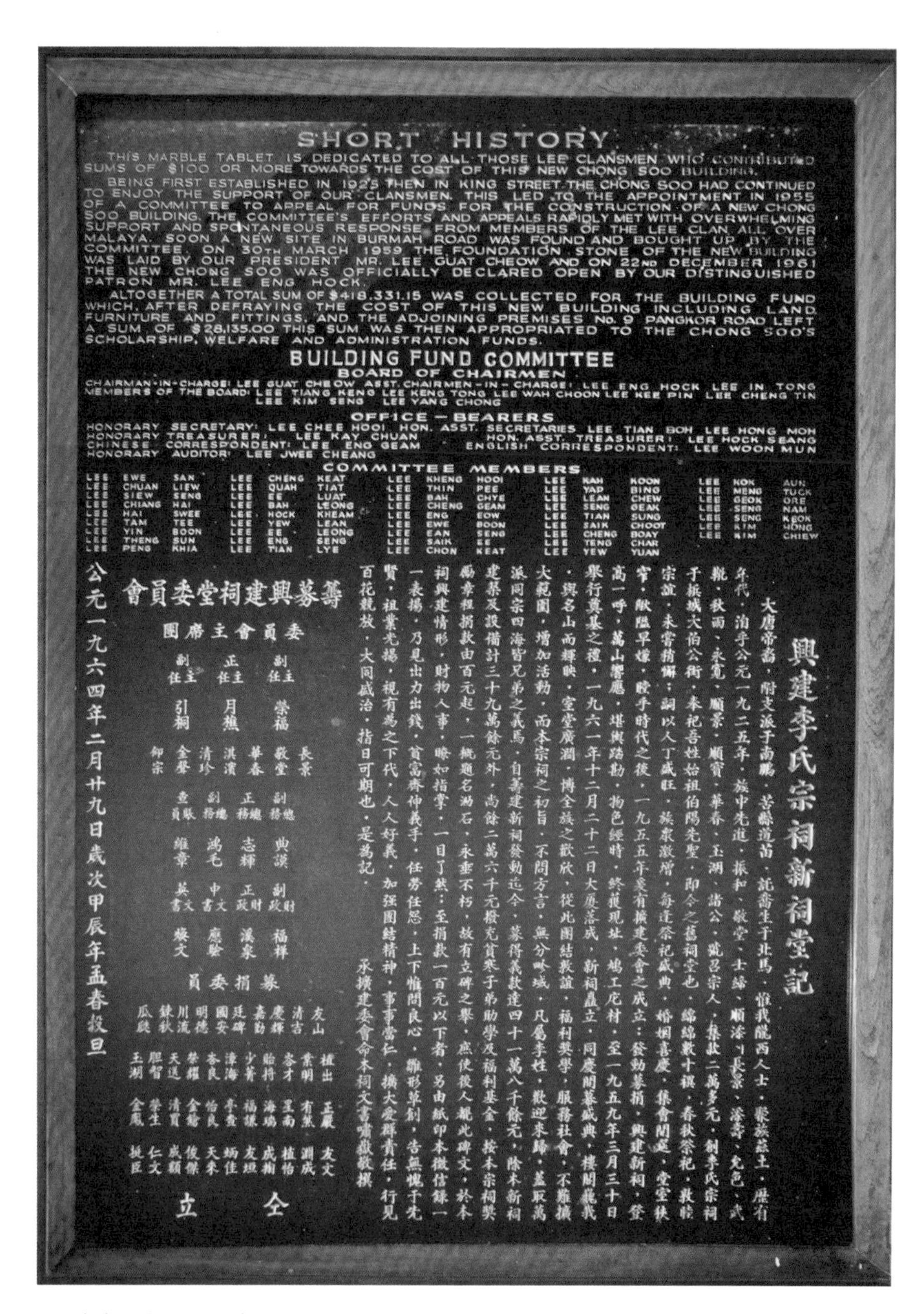

SHORT HISTORY

THIS MARBLE TABLET IS DEDICATED TO ALL THOSE LEE CLANSMEN WHO CONTRIBUTED SUMS OF $100 OR MORE TOWARDS THE COST OF THIS NEW CHONG SOO BUILDING.

BEING FIRST ESTABLISHED IN 1925 THEN IN KING STREET THE CHONG SOO HAD CONTINUED TO ENJOY THE SUPPORT OF OUR CLANSMEN. THIS LED TO THE APPOINTMENT IN 1955 OF A COMMITTEE TO APPEAL FOR FUNDS FOR THE CONSTRUCTION OF A NEW CHONG SOO BUILDING. THE COMMITTEE'S EFFORTS AND APPEALS RAPIDLY MET WITH OVERWHELMING SUPPORT AND SPONTANEOUS RESPONSE FROM MEMBERS OF THE LEE CLAN ALL OVER MALAYA. SOON A NEW SITE IN BURMAH ROAD WAS FOUND AND BOUGHT UP BY THE COMMITTEE. ON 30TH MARCH 1959 THE FOUNDATION STONE OF THE NEW BUILDING WAS LAID BY OUR PRESIDENT MR. LEE GUAT CHEOW AND ON 22ND DECEMBER 1961 THE NEW CHONG SOO WAS OFFICIALLY DECLARED OPEN BY OUR DISTINGUISHED PATRON MR. LEE ENG HOCK.

ALTOGETHER A TOTAL SUM OF $418,331.15 WAS COLLECTED FOR THE BUILDING FUND WHICH, AFTER DEFRAYING THE COST OF THIS NEW BUILDING INCLUDING LAND, FURNITURE AND FITTINGS, AND THE ADJOINING PREMISES No. 9 PANGKOR ROAD LEFT A SUM OF $28,135.00 THIS SUM WAS THEN APPROPRIATED TO THE CHONG SOO'S SCHOLARSHIP, WELFARE AND ADMINISTRATION FUNDS.

BUILDING FUND COMMITTEE

BOARD OF CHAIRMEN

CHAIRMAN-IN-CHARGE: LEE GUAT CHEOW ASST. CHAIRMEN-IN-CHARGE: LEE ENG HOCK LEE IN TONG
MEMBERS OF THE BOARD: LEE TIANG KENG LEE KENG TONG LEE WAH CHOON LEE KEE PIN LEE CHENG TIN LEE KIM SENG LEE YANG CHONG

OFFICE-BEARERS

HONORARY SECRETARY: LEE CHEE HOOI HON. ASST. SECRETARIES LEE TIAN BOH LEE HONG MOH
HONORARY TREASURER: LEE KAY CHUAN HON. ASST. TREASURER: LEE HOCK SEANG
CHINESE CORRESPONDENT: LEE ENG GEAM ENGLISH CORRESPONDENT: LEE WOON MUN
HONORARY AUDITOR: LEE JWEE CHEANG

COMMITTEE MEMBERS

LEE EWE SAN	LEE CHENG KEAT	LEE KHENG HOOI	LEE KAH KOON	LEE KOK AUN
LEE CHUAN LIEW	LEE QUAH TIAT	LEE THIN PEE	LEE YAP BING	LEE MENG TUCK
LEE SIEW SENG	LEE EE LUAT	LEE BAH CHYE	LEE LEAN CHEW	LEE GEOK ORE
LEE CHIANG HAI	LEE BAH LEONG	LEE CHENG GEAM	LEE SENG GEAK	LEE SENG NAM
LEE HAI SWEE	LEE HOCK KHEAM	LEE ENG EOW	LEE TIAN SUNG	LEE SENG KEOK
LEE TAM TEE	LEE YEW LEAN	LEE EWE BOON	LEE SAIK CHOOT	LEE KIM HONG
LEE YIN BOON	LEE EE LEONG	LEE EAN SENG	LEE CHENG BOAY	LEE KIM CHIEW
LEE THENG SUN	LEE ENG SENG	LEE SAIK EE	LEE TENG CHAR	
LEE PENG KHIA	LEE TIAN LYE	LEE CHON KEAT	LEE YEW YUAN	

興建李氏宗祠新祠堂記

大唐帝裔·附支派于南鵬·苦縣道苗·託裔生于北馬·惟我隴西人士·聚族茲土·歷有年代·洎乎公元一九二五年·族中先進·振和、敬堂、士歸、順添、長景、添壽、允色、武靴、秋雨、永寬、順景、順賓、華春、玉潮、諧公、號召宗人·集款二萬多元·創李氏宗祠于檳城大伯公街·奉祀吾姓始祖伯陽先聖·即今之舊祠堂也·綿綿數十禩·春秋祭祀·敦睦宗誼·未嘗稍懈；祠以人丁盛旺·族衆激增·每逢祭祀盛典·婚姻喜慶·集會聯誼·堂室狹窄·猷隘早嫌·睠乎時代之後·一九五五年爰有擴建委會之成立；發動募捐·興建新祠·登高一呼·萬山響應·堪與踏勘·物色經時·終獲現址·鳩工庀材·至一九五九年三月三十日舉行奠基之禮·一九六一年十二月二十二日大廈落成·新祠矗立·同慶開幕盛典·樓閣巍峩·與名山而輝映·室堂廣濶·博全族之歡欣·從此團結敦誼·福利獎學·服務社會·不難擴大範圍·增加活動·而本宗祠之初旨·不問方言·無分畛域·凡屬李姓·歡迎來歸·蓋取萬派同宗四海皆兄弟之義焉·自籌建新祠發動迄今·募得義款達四十一萬八千餘元·除本新祠建築及設備計三十九萬餘元外·尚餘二萬六千元撥充貧寒子弟助學及福利基金·按本宗祠獎勵章程捐款由百元起·一概題名泐石·永垂不朽·故有立碑之舉·庶使後人觀此碑文·於本祠興建情形·財物人事·瞭如指掌·一目了然；至捐款一百元以下者·另由紙印本徵信錄一一表揚·乃見出力出錢·貧富齊伸義手·任勞任怨·上下惟問良心·雖形草創·告無愧于先賢·祖業光揚·視有為之下代·人人好義·加強團結精神·事事當仁·擴大愛群責任·行見百花競放·大同盛治·指日可期也·是為記·

承擴建委會命本祠文書嘯嶽敬撰

籌募興建祠堂委員會

委員會主席團

副主任 榮福　正主任 月樵　副主任 引桐

長景　敬堂　華春　洪濱　清珍　金聲　卿宗

副總務 典謨　正總務 志輝　副總務 鴻毛　查賬員 維章

副財政 福祥　正財政 溪泉　中文書 應鑾　英文書 燦文

募捐委員

友山　清吉　慶輝　嘉勳　廷碑　國安　明德　川流　肆秋　瓜瓞

植出　素明　春才　貽拊　少青　津海　春良　榮耀　天送　胆智　玉湖

正嚴　有棻　星南　海瑞　福祿　亭查　怡良　金鑾　清貫　榮生　金鳳

友文　潤成　植怡　成湘　友垣　炳佳　天來　俊傑　成穎　仁文　挺臣

仝　立

公元一九六四年二月廿九日歲次甲辰年孟春穀旦

《兴建李氏宗祠新祠堂记》

马来西亚槟城梅氏家庙

马来西亚槟城梅氏家庙内部

马来西亚槟城梅氏家庙内部

马来西亚槟城王氏太原堂闽王庙

马来西亚槟城王氏太原堂“槐荫万里”匾额

马来西亚槟城王氏太原堂内部

马来西亚槟城王氏太原堂内部

1

2

1　马来西亚槟城王氏太原堂

2　马来西亚槟城王氏太原堂镬耳墙

3　马来西亚槟城王氏太原堂建筑细节

3

马来西亚槟城王氏太原堂建筑装饰

马来西亚槟城王氏太原堂门心对“八闽第一”

1

1 《槟城王氏太原堂兴建祖庙志》

2 马来西亚槟城王氏太原堂内部陈设

3 马来西亚槟城王氏太原堂灯笼装饰

4 马来西亚槟城王氏太原堂柱础

太平局紳
ONG SIAN SWEE
檳州行政議員
DR ONG HEAN TEE
STATE EXECUTIVE COUNCILLOR
太平局紳
JAMES ONG
拿督勳銜
ONG CHIN TEIK
拿督勳銜
ONG CHUI KIAT

2

千載流芳
萬年濟美
二00六年
十月廿二日

3

4

马来西亚槟城王氏太原堂对联

马来西亚槟城王氏太原堂木雕

马来西亚槟城王氏太原堂彩绘

马来西亚槟城王氏太原堂门口的“四君子”图壁画《喜上眉梢》《幽谷君子》《竹报平安》《傲骨凌风霜》

萬年濟美
千載流芳
竹報平安
傲骨凌風霜

马来西亚槟城世德堂谢公司

马来西亚槟城世德堂谢公司建筑装饰

马来西亚槟城世德堂谢公司议所

马来西亚槟城世德堂谢公司内部

1

1、2　马来西亚槟城世德堂谢公司的灰塑与木雕装饰，极具中国闽南建筑特色

3　马来西亚槟城世德堂谢公司石雕装饰

2

3

马来西亚槟城世德堂谢公司

马来西亚槟城世德堂谢公司《宗德堂谢家庙碑记》

马来西亚槟城世德堂谢公司迎宾挂布

1

2

1　马来西亚槟城世德堂谢公司“扶唐义著”匾额

2　马来西亚槟城世德堂谢公司“邦之彦兮”匾额

3　马来西亚槟城世德堂谢公司“浚哲劲烈”匾额

4　马来西亚槟城世德堂谢公司“荫祖敦睦”匾额

5　马来西亚槟城世德堂谢公司“于斯为颂”匾额

3

4

5

马来西亚槟城世德堂谢公司“宝树峥嵘”牌匾

马来西亚槟城世德堂谢公司“宗族之光”牌匾

马来西亚槟城世德堂谢公司宝德所

马来西亚槟城世德堂谢公司装饰“福海”

马来西亚槟城世德堂谢公司装饰“寿山”

马来西亚槟城世德堂谢公司内部

马来西亚槟城世德堂谢公司内部

马来西亚槟城世德堂谢公司对联

马来西亚槟城世德堂谢公司对联

马来西亚槟城世德堂谢公司内部

马来西亚槟城世德堂谢公司内部

马来西亚槟城世德堂谢公司门上分别绘有“禄星”“寿星”像

马来西亚槟城世德堂谢公司世德堂

马来西亚槟城世德堂谢公司“汕头客栈”

马来西亚槟城世德堂谢公司“汕头客栈”陈列工具

马来西亚槟城世德堂谢公司“汕头客栈”陈列工具

马来西亚槟城世德堂谢公司家具室

马来西亚槟城世德堂谢公司装饰“龙飞”

马来西亚槟城世德堂谢公司装饰细节

马来西亚槟城世德堂谢公司装饰“呈祥”

马来西亚槟城世德堂谢公司装饰“气瑞”

马来西亚槟城世德堂谢公司世德堂

马来西亚槟城世德堂谢公司宗德堂

马来西亚槟城张氏清河堂

具有南洋建筑风格的马来西亚槟城张氏清河堂

1

1　马来西亚槟城张氏清河堂

2、3　马来西亚槟城张氏清河堂建筑细节

2

3

马来西亚槟城文山堂邱公司

马来西亚槟城文山堂邱公司

马来西亚槟城文山堂邱公司“文山堂”匾额

马来西亚槟城文山堂邱公司内部

《文山堂建立公项序》

马来西亚槟城文山堂邱公司碑记

1

1、2、3、4　马来西亚槟城文山堂邱公司屋脊装饰

2

3

4

马来西亚槟城文山堂邱公司屋脊装饰

马来西亚槟城文山堂邱公司建筑装饰

马来西亚槟城文山堂邱公司建筑装饰

1

1 马来西亚槟城文山堂邱公司建筑装饰

2 马来西亚槟城文山堂邱公司房梁装饰细节

3 马来西亚槟城文山堂邱公司建筑装饰细节

4 马来西亚槟城文山堂邱公司门墩

2

3

4

1

2

1、2、3　马来西亚槟城文山堂邱公司房梁装饰细节

4　马来西亚槟城文山堂邱公司房梁装饰“鱼藻”

5　马来西亚槟城文山堂邱公司房梁装饰“凤竹”

3

4

5

1

2

1、2　马来西亚槟城文山堂邱公司墙壁装饰

3、4　马来西亚槟城文山堂邱公司墙壁石雕装饰

3

4

1

2

3

4

1　马来西亚槟城龙山堂邱公司

2、3　马来西亚槟城龙山堂邱公司屋脊装饰

4　马来西亚槟城龙山堂邱公司镬耳墙

马来西亚槟城龙山堂邱公司屋脊装饰

马来西亚槟城龙山堂邱公司屋脊装饰

马来西亚槟城龙山堂邱公司外部建筑装饰

马来西亚槟城龙山堂邱公司墙面及房梁装饰

1

2

3

4

1　马来西亚槟城龙山堂邱公司外部建筑装饰

2　马来西亚槟城龙山堂邱公司建筑装饰细节

3　马来西亚槟城龙山堂邱公司房梁装饰

4　马来西亚槟城龙山堂邱公司墙面及房梁装饰

1

1 马来西亚槟城龙山堂邱公司壁画

2 马来西亚槟城龙山堂邱公司门礅

3 马来西亚槟城龙山堂邱公司墙面石雕

2

3

1

2

3

1　马来西亚槟城龙山堂邱公司“晋代奇勋”匾额

2　马来西亚槟城龙山堂邱公司“龙山堂”匾额

3　马来西亚槟城龙山堂邱公司“昼锦辉煌”匾额

马来西亚槟城龙山堂邱公司列祖主神位

马来西亚槟城龙山堂邱公司内部

马来西亚槟城龙山堂邱公司内部

马来西亚槟城龙山堂邱公司内部

马来西亚槟城龙山堂邱公司装饰“邱氏敦文堂”

马来西亚槟城龙山堂邱公司房梁装饰

马来西亚槟城龙山堂邱公司房梁装饰

马来西亚槟城龙山堂邱公司房梁装饰

马来西亚槟城龙山堂邱公司房梁装饰

马来西亚槟城龙山堂邱公司房梁装饰

马来西亚槟城龙山堂邱公司《诒谷堂碑记》

马来西亚槟城龙山堂邱公司碑记

马来西亚槟城龙山堂邱公司柱子上的镂空石雕和额枋上的木雕

马来西亚槟城福德正神庙同庆社

马来西亚槟城福德正神庙同庆社内部

马来西亚槟城福德正神庙同庆社内部

马来西亚槟城福德正神庙对联“正直为人家门兴，义处河山路长远”

马来西亚槟城福德正神庙

马来西亚槟城福德正神庙宝福社

马来西亚槟城福德正神庙福建公司

马来西亚槟城福德正神庙清和社

马来西亚槟城福德正神庙碑记

马来西亚槟城庇能台山宁阳会馆

马来西亚槟城庇能台山宁阳会馆内部

马来西亚槟城永大会馆

马来西亚槟城永大会馆大门

马来西亚槟城永大会馆建筑细节

马来西亚槟城永大会馆建筑细节

马来西亚槟城椰脚街观音亭

马来西亚槟城椰脚街观音亭内部

马来西亚槟城椰脚街观音亭屋脊装饰

马来西亚槟城椰脚街观音亭楹联“广土众民蒙利济泽，福林寿宇结欢喜缘”

马来西亚槟城椰脚街观音亭“海不扬波”“一片婆心”匾额

马来西亚槟州南阳堂叶氏宗祠

马来西亚槟州南阳堂叶氏宗祠

马来西亚槟州南阳堂叶氏宗祠

马来西亚槟州南阳堂叶氏宗祠

马来西亚槟州南阳堂叶氏宗祠内部

马来西亚槟州南阳堂叶氏宗祠碑记

1

2

1 马来西亚槟州南阳堂叶氏宗祠“南阳世第”匾额

2 马来西亚槟州南阳堂叶氏宗祠“枝繁叶茂”匾额

3 马来西亚槟州南阳堂叶氏宗祠“中流砥柱”匾额

4 马来西亚槟州南阳堂叶氏宗祠“叶茂枝荣”匾额

5 马来西亚槟州南阳堂叶氏宗祠“女中英隽”匾额

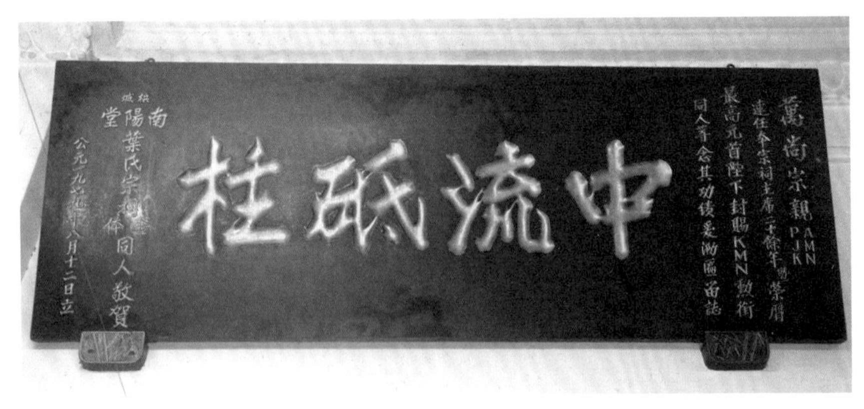

3

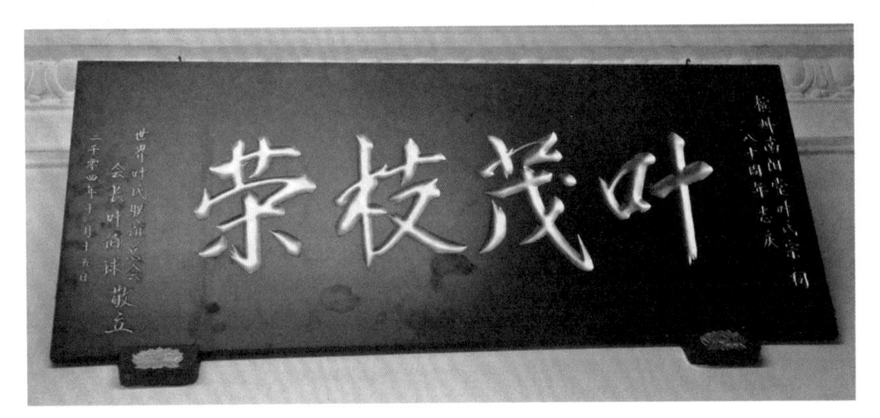

4

5

马来西亚槟州南阳堂叶氏宗祠楹联“刻木明礼先哲制，穷源溯委后人心”

马来西亚槟州南阳堂叶氏宗祠楹联“班联大小观新故，祖豆馨香慰死生”

马来西亚槟榔屿潮州会馆

马来西亚槟榔屿潮州会馆

马来西亚槟榔屿潮州会馆“敬睦堂”

马来西亚槟榔屿潮州会馆“敬睦堂”内部

马来西亚槟榔屿潮州会馆中厅

马来西亚槟榔屿潮州会馆装饰细节

马来西亚槟榔屿潮州会馆“九邑流芳”匾额

马来西亚槟榔屿潮州会馆“派衍韩江”匾额

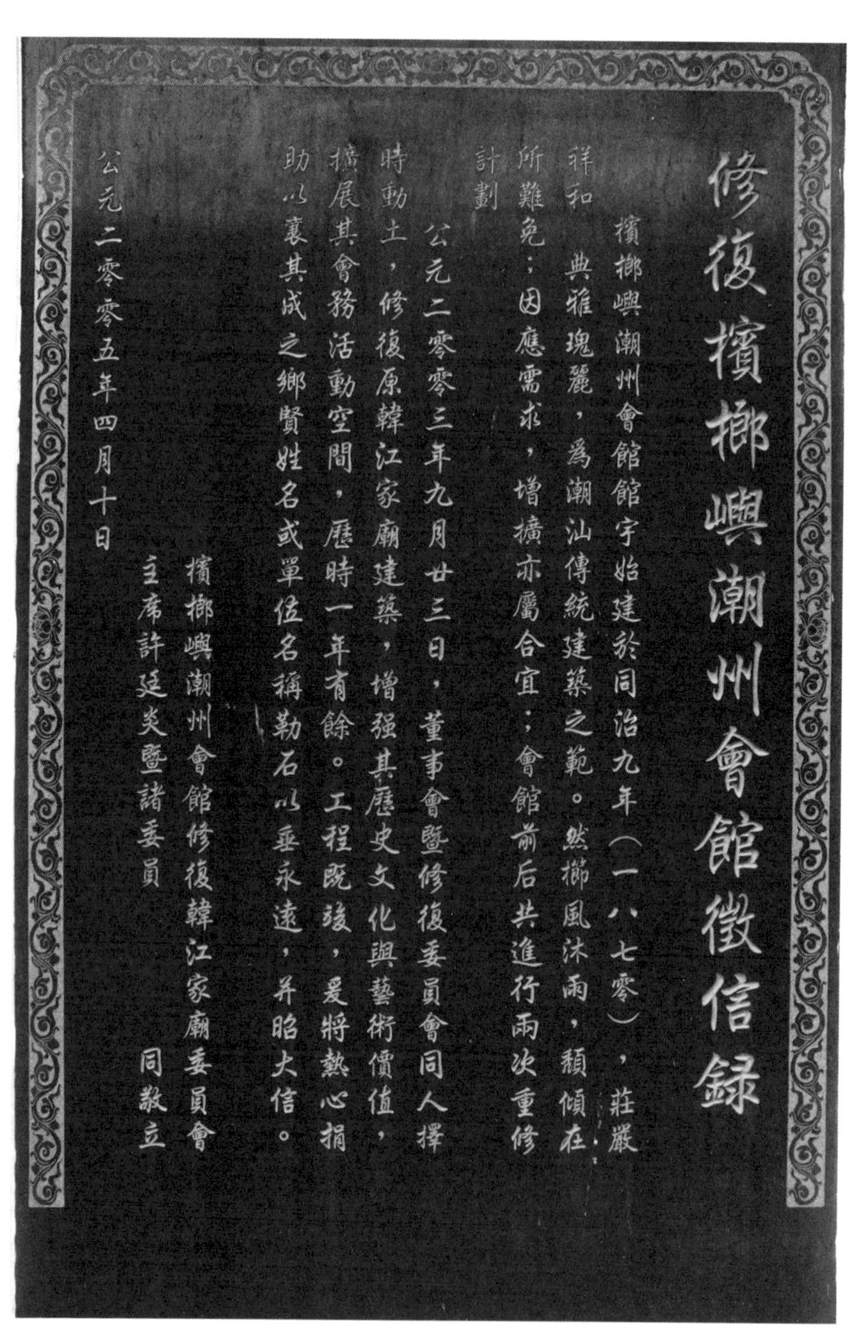

修復檳榔嶼潮州會館徵信錄

檳榔嶼潮州會館館宇始建於同治九年（一八七零），莊嚴祥和，典雅瑰麗，爲潮汕傳統建築之範。然櫛風沐雨，頹傾在所難免；因應需求，增擴亦屬合宜；會館前后共進行兩次重修計劃。

公元二零零三年九月廿三日，董事會暨修復委員會同人擇時動土，修復原韓江家廟建築，增强其歷史文化與藝術價值，擴展其會務活動空間，歷時一年有餘。工程既竣，爰將熱心捐助以襄其成之鄉賢姓名或單位名稱勒石以垂永遠，并昭大信。

檳榔嶼潮州會館修復韓江家廟委員會

主席許廷炎暨諸委員　同敬立

公元二零零五年四月十日

《修复槟榔屿潮州会馆征信录》

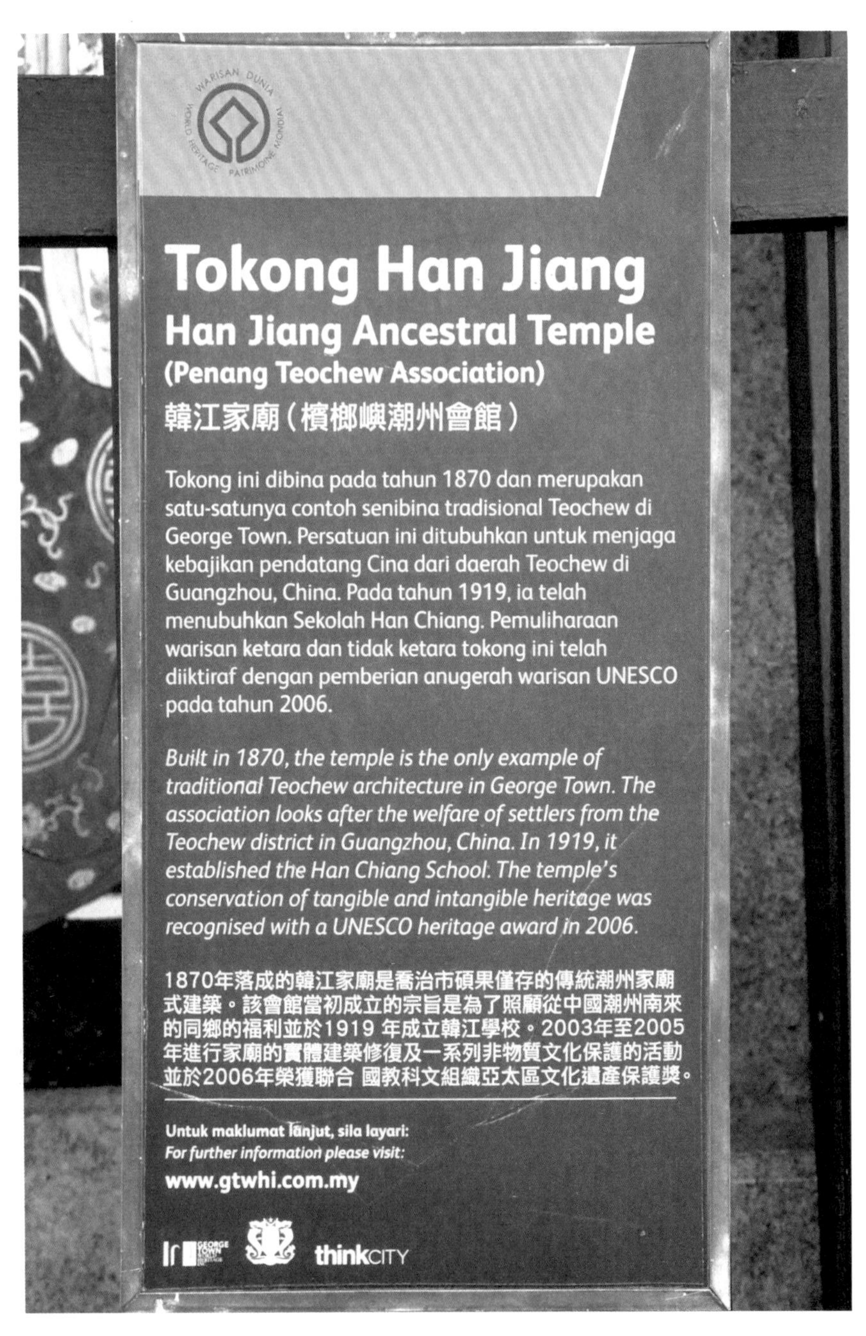

马来西亚槟榔屿潮州会馆介绍

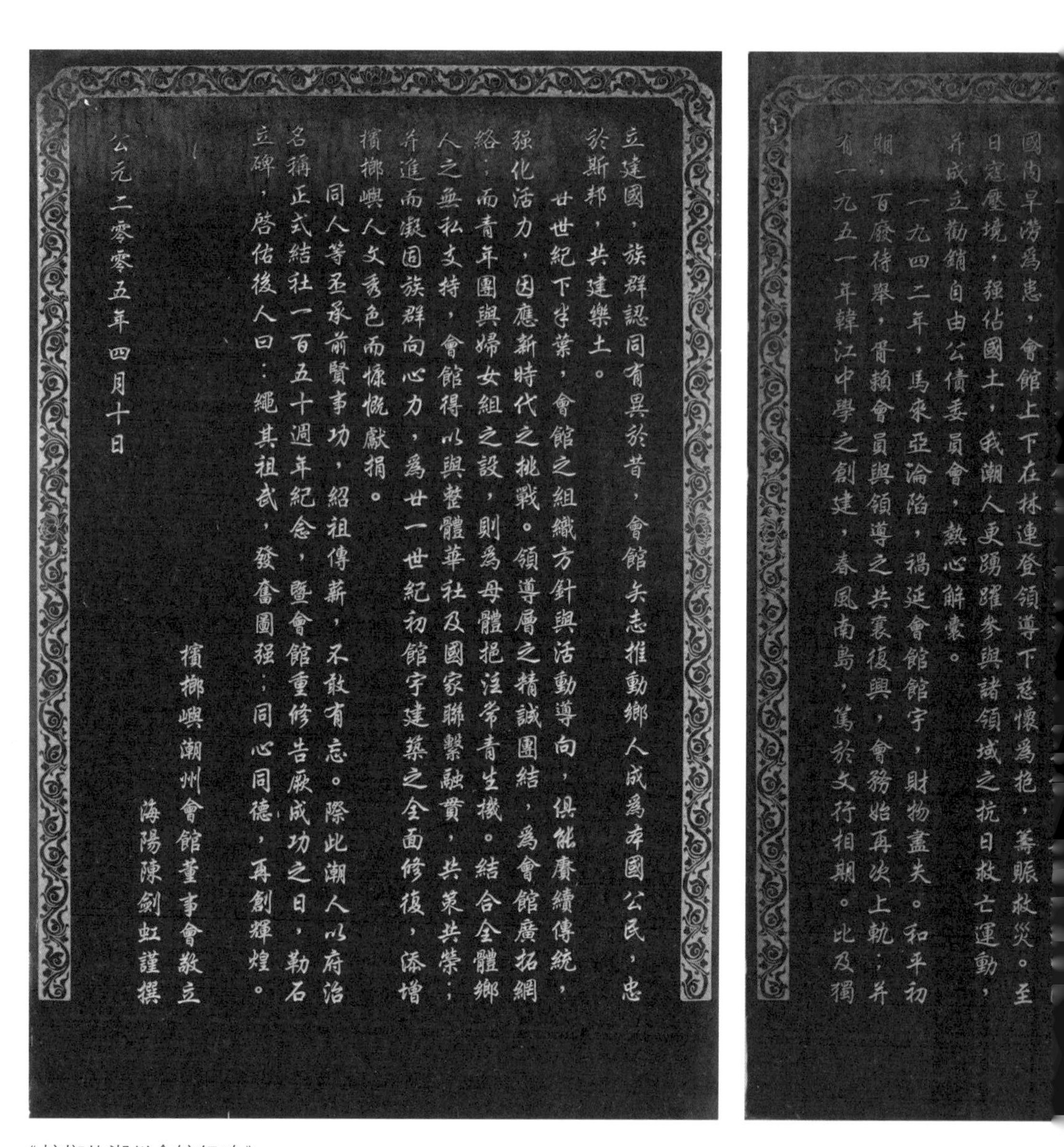

國內旱澇爲患，會館上下在林連登領導下慈懷爲抱，籌賑救災。至日寇壓境，强佔國土，我潮人更踴躍參與諸領域之抗日救亡運動，并成立勸銷自由公債委員會，熱心解囊。

一九四二年，馬來亞淪陷，禍延會館館宇，財物盡失。和平初期，百廢待舉，胥賴會員與領導之共襄復興，會務始再次上軌；并有一九五一年韓江中學之創建，春風南島，篤於文行相期。比及獨立建國，族群認同有異於昔，會館矢志推動鄉人成爲本國公民，忠於斯邦，共建樂土。

廿世紀下半葉，會館之組織方針與活動導向，俱能賡續傳統，强化活力，因應新時代之挑戰。領導層之精誠團結，爲會館廣拓網絡；而青年團與婦女組之設，則爲母體挹注常青生機。結合全體鄉人之無私支持，會館得以與整體華社及國家聯繫融貫，共策共榮；并進而凝固族群向心力，爲廿一世紀初館宇建築之全面修復，添增檳榔嶼人文秀色而慷慨獻捐。

檳榔嶼同人等丕承前賢事功，紹祖傳薪，不敢有忘。際此潮人以府治名稱正式結社一百五十週年紀念，暨會館重修告厥成功之日，勒石立碑，啓佑後人曰：繩其祖武，發奮圖强；同心同德，再創輝煌。

檳榔嶼潮州會館董事會敬立

海陽陳劍虹謹撰

公元二零零五年四月十日

《槟榔屿潮州会馆纪略》

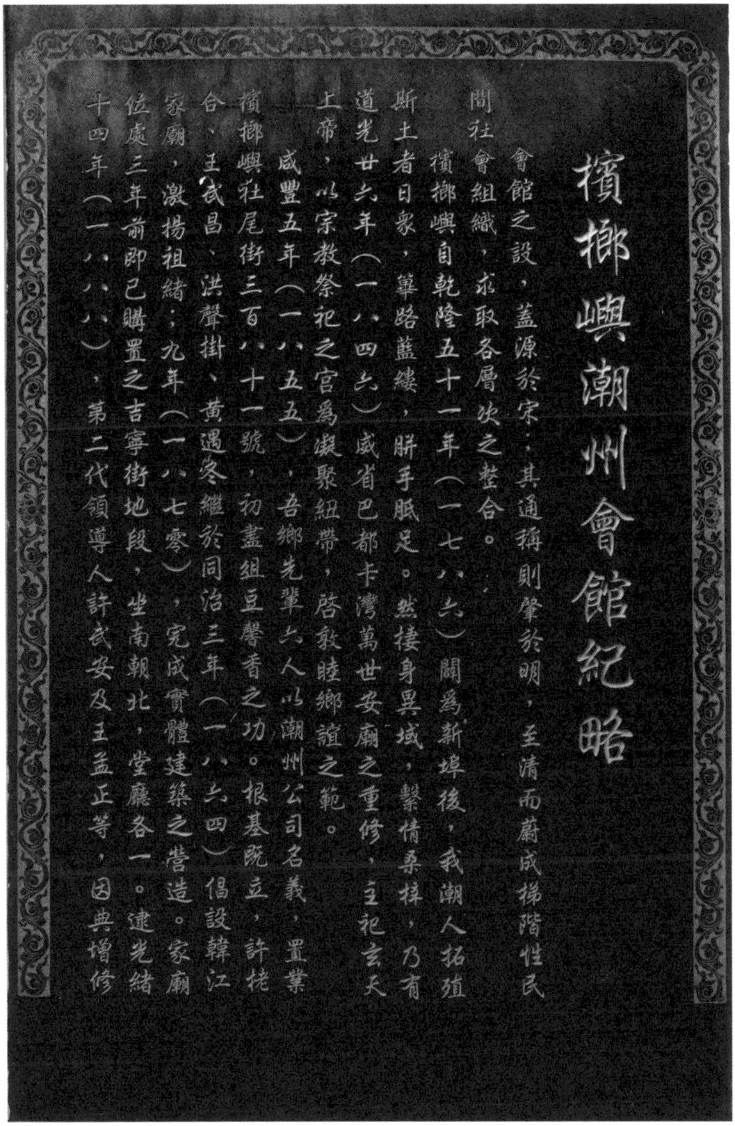

檳榔嶼潮州會館紀略

會館之設，蓋源於宋；其通稱則肇於明，至清而蔚成梯階性民間社會組織，求取各層次之整合。

檳榔嶼自乾隆五十一年（一七八六）闢爲新埠後，我潮人拓殖斯土者日衆，華路藍縷，胼手胝足。然棲身異域，繫情桑梓，乃有道光廿六年（一八四六）威省巴都卡灣萬世安廟之重修，主祀玄天上帝，以宗教祭祀之宮爲凝聚紐帶，啓敦睦鄉誼之範。

咸豐五年（一八五五），吾鄉先輩六人以潮州公司名義，置業檳榔嶼社尾街三百八十一號，初盡組豆馨香之功。根基既立，許栳合、王武昌、洪聲掛、黃遇冬繼於同治三年（一八六四）倡設韓江家廟，激揚祖緒；九年（一八七零），完成實體建築之營造。家廟位處三年前即已購置之吉寧街地段，坐南朝北，堂廳各一。逮光緒十四年（一八八八），第二代領導人許武安及王孟正等，因典增修前中后三座，貫徹聲應氣求，九邑流芳之旨；後於十六年（一八九一）依法以韓江家廟即潮州公司之稱，向華民護衛司登録備案。三十年（一九零四）未完成産業擁有權之交割手續，行信理員制，確保宏基永固。

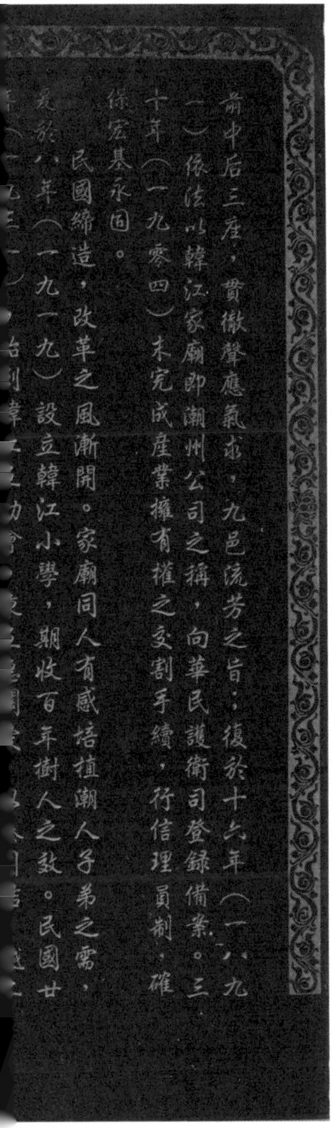

民國締造，改革之風漸開。家廟同人有感培植潮人子弟之需，爰於八年（一九一九）設立韓江小學，期收百年樹人之效。民國廿

马来西亚槟榔屿潮州会馆潮州先贤之墓

马来西亚槟榔屿潮州会馆通廊

马来西亚马六甲颍川堂陈氏宗祠

马来西亚马六甲颍川堂陈氏宗祠

马来西亚马六甲颍川堂陈氏宗祠房梁装饰细节

马来西亚吉隆坡陈氏书院正门

马来西亚吉隆坡陈氏书院正脊

马来西亚吉隆坡陈氏书院灯笼装饰

马来西亚吉隆坡陈氏书院屋脊上的灰塑

马来西亚吉隆坡陈氏书院

马来西亚吉隆坡陈氏书院外部装饰细节

马来西亚吉隆坡陈氏书院精美繁复的灰塑装饰

马来西亚吉隆坡陈氏书院

马来西亚吉隆坡陈氏书院外部装饰细节

马来西亚吉隆坡陈氏书院装饰细节

马来西亚吉隆坡陈氏书院装饰

马来西亚吉隆坡陈氏书院内部灰塑装饰

马来西亚吉隆坡陈氏书院装饰细节

马来西亚吉隆坡陈氏书院内部

马来西亚吉隆坡陈氏书院德星堂

马来西亚吉隆坡陈氏书院装饰细节

马来西亚吉隆坡陈氏书院内部

马来西亚吉隆坡陈氏书院对联

马来西亚吉隆坡陈氏书院木雕装饰

马来西亚吉隆坡灵尊殿

马来西亚吉隆坡灵尊殿供奉神灵

马来西亚吉隆坡灵尊殿

马来西亚吉隆坡灵尊殿壁画

马来西亚吉隆坡灵尊殿内部陈设

马来西亚吉隆坡灵尊殿内部

马来西亚吉隆坡灵尊殿内部

泰国曼谷吕帝庙

泰国曼谷吕帝庙

泰国曼谷吕帝庙内部

泰国曼谷吕帝庙执事牌

泰国曼谷广肇会馆

泰国曼谷广肇会馆装饰细节

泰国曼谷广肇会馆装饰细节

泰国曼谷广肇会馆装饰细节

誼聯桑梓
พระอวโลกิเตศวรโพธิสัตว์
觀世音菩薩
ARYAVALOKITESVARA BOOTHISATVA
觀世音菩薩

泰国曼谷广肇会馆内部

泰国曼谷广肇会馆内部

泰国曼谷广肇会馆内部

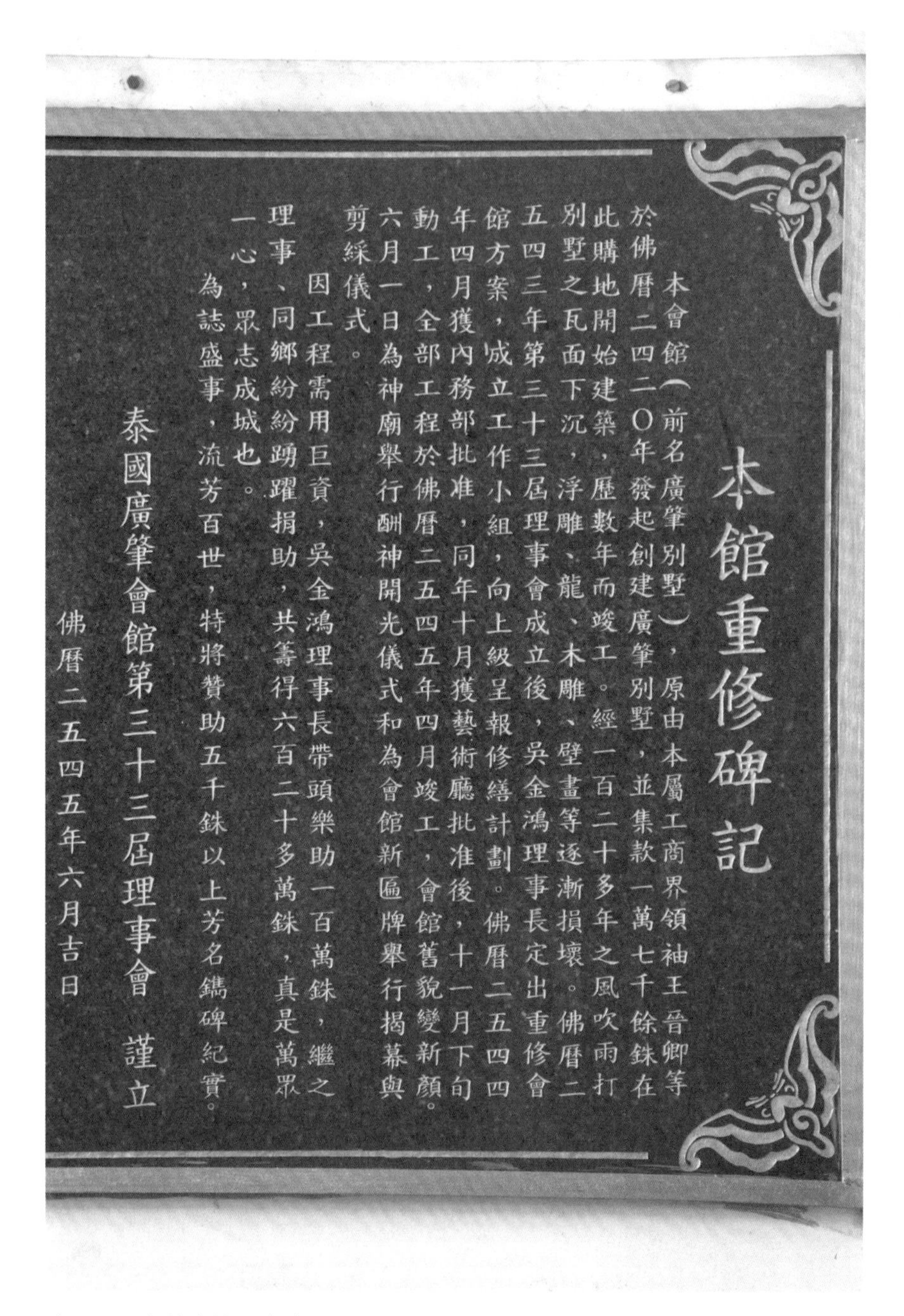
本館重修碑記

本會館（前名廣肇別墅），原由本屬工商界領袖王晉卿等於佛曆二四二〇年發起創建廣肇別墅，並集款一萬七千餘銖在此購地開始建築，歷數年而竣工。經一百二十多年之風吹雨打，別墅之瓦面下沉，浮雕、木雕、壁畫等逐漸損壞。佛曆二五四三年第三十三屆理事會成立後，吳金鴻理事長定出重修會館方案，成立工作小組，向上級呈報修繕計劃。佛曆二五四四年四月獲內務部批准，同年十月獲藝術廳批准後，十一月下旬動工，全部工程於佛曆二五四五年四月竣工，會館舊貌變新顏。六月一日為神廟舉行酬神開光儀式和為會館新匾牌舉行揭幕與剪綵儀式。

因工程需用巨資，吳金鴻理事長帶頭樂助一百萬銖，繼之理事、同鄉紛紛踴躍捐助，共籌得六百二十多萬銖，真是萬眾一心，眾志成城也。為誌盛事，流芳百世，特將贊助五千銖以上芳名鐫碑紀實。

泰國廣肇會館第三十三屆理事會 謹立

佛曆二五四五年六月吉日

泰国曼谷广肇会馆重修碑记

泰国曼谷广肇会馆敬恭堂

泰国曼谷广肇会馆建筑装饰细节

泰国曼谷林氏大宗祠

泰国曼谷林氏大宗祠

泰国曼谷林氏大宗祠主脊装饰

泰国曼谷林氏大宗祠内部

泰国曼谷林氏大宗祠内部

泰国曼谷林氏大宗祠内部

泰国曼谷林氏大宗祠屋脊装饰细节

《泰国林氏大宗祠碑记》

泰国曼谷林氏大宗祠屋脊装饰细节

泰国曼谷林氏大宗祠屋脊装饰

泰国曼谷林氏大宗祠

泰国曼谷林氏大宗祠内部

泰国曼谷林氏大宗祠内部

泰国曼谷林氏大宗祠门神

泰国曼谷沈氏宗亲总会

泰国曼谷沈氏宗亲总会

泰国曼谷沈氏宗亲总会

泰国曼谷沈氏宗亲总会内部

泰国曼谷沈氏宗亲总会内部

泰国曼谷沈氏宗亲总会装饰

泰国曼谷沈氏宗亲总会装饰

泰国曼谷王氏大宗祠

泰国曼谷王氏大宗祠内部

泰国曼谷王氏大宗祠建筑装饰

泰国曼谷王氏大宗祠内部

泰国曼谷王氏大宗祠内部

泰国曼谷王氏大宗祠装饰

泰国曼谷王氏大宗祠

泰国潮州会馆

泰国潮州会馆建筑装饰

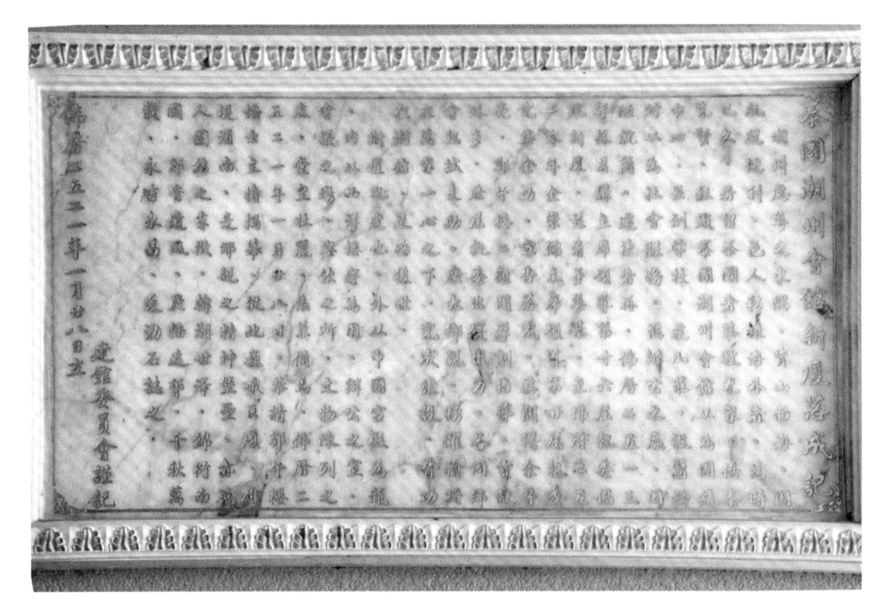

《泰国潮州会馆新厦落成记》

泰国潮州会馆内部

泰国海南会馆

泰国海南会馆

泰国揭阳会馆

泰国揭阳会馆内部

泰国揭阳会馆

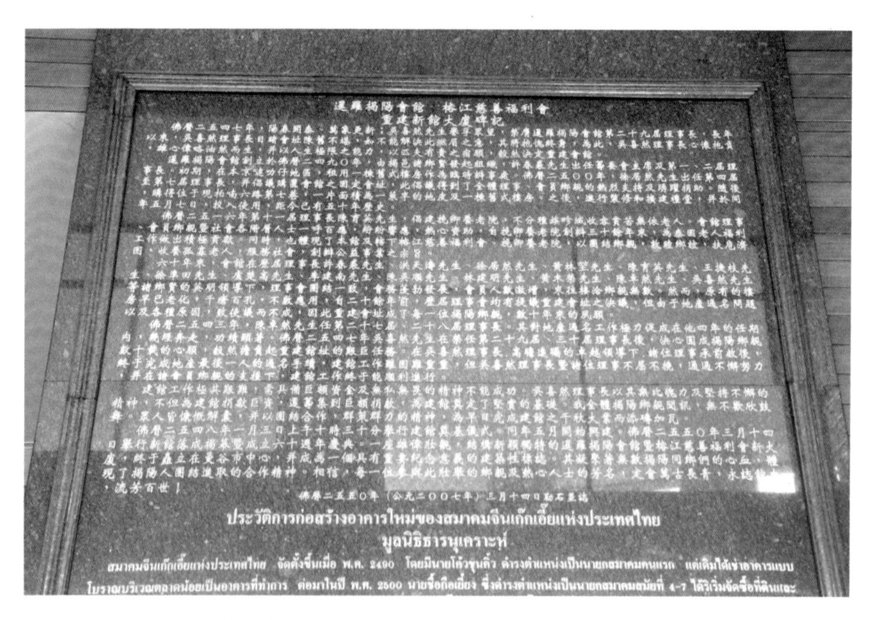

泰国揭阳会馆重建新馆大厦碑记

泰国郭氏宗亲总会

泰国郭氏宗亲总会“精诚团结”匾额

泰国郭氏宗亲总会内部

泰国郭氏宗亲总会内部

越南河内孔庙

越南河内孔庙装饰

越南河内孔庙

越南河内孔庙屋脊装饰

1

2

3

1　越南河内孔庙“道冠古今”匾额

2　越南河内孔庙“德参天地”匾额

3　越南河内孔庙“福斯文”匾额

越南河内孔庙“万世师表”匾额

越南河内孔庙内部

越南河内孔庙内部

越南河内孔庙内部

越南河内孔庙内部

越南河内孔庙内部装饰

参考文献

专著类

专著

1. 陈达：《南洋华侨与闽粤社会》，上海：商务印书馆，1939年。

2. 黄滋生、何思兵：《菲律宾华侨史》，广州：广东高等教育出版社，1987年。

3. 林远辉、张应龙：《新加坡马来西亚华侨史》，广州：广东高等教育出版社，1991年。

4. 朱杰勤：《东南亚华侨史》，北京：高等教育出版社，1990年。

5. 曾少聪：《漂泊与根植：当代东南亚华人族群关系研究》，北京：中国社会科学出版社，2004年。

6.（澳大利亚）颜清湟：《新马华人社会史》，粟明鲜、陆宇生、粱瑞平、蒋刚译，北京：中国华侨出版社，1991年。

7.（苏联）斯大林：《斯大林全集（第2卷）》，北京：人民出版社，1953年。

8. 吴凤斌主编：《东南亚华侨通史》，福州：福建人民出版社，1994 年。

9.（澳大利亚）安东尼·瑞德：《东南亚的贸易时代：1450—1680 年（第二卷　扩张与危机）》，吴小安、李塔娜、孙来臣译，北京：商务印书馆，2010 年。

10. 蔡少卿：《中国秘密社会》，杭州：浙江人民出版社，1989 年。

11. 谭天星、沈立新：《海外华侨华人文化志》，上海：上海人民出版社，1998 年。

12. 陈鹏：《东南亚各国民族与文化》，北京：民族出版社，1991 年。

13. 全峰梅、侯其强：《居所的图景：东南亚民居》，南京：东南大学出版社，2008 年。

14. 陈支平：《近五百年来福建的家族社会与文化》，北京：中国人民大学出版社，2011 年。

15. 费孝通：《费孝通全集（第十二卷）》，呼和浩特：内蒙古人民出版社，2009 年。

16. 王琳乾、邓特主编：《汕头市志》，北京：新华出版社，1999 年。

17. 江门市地方志编纂委员会编：《江门市志》，广州：广东人民出版社，1998 年。

18.《潮州府志》（清乾隆版）。

19.《澄海县志》（清嘉庆版）。

20.《华侨华人蓝皮书：华侨华人研究报告》，北京：社会科学文献出版社，2011—2023 年以来各版本。

21.（马来西亚）陈耀威：《槟城龙山堂邱公司：历史与

建筑》，槟城：槟城龙山堂邱公司，2003 年。

22.（马来西亚）陈剑虹、黄木锦：《槟城福建公司》，槟城：槟城福建公司，2014 年。

谱牒与家族文献

1.《重修龙山堂碑记》（清光绪三十二年）。

2.《新江邱曾氏族谱》（清同治丁卯版）。

3.（马来西亚）槟州各姓氏宗祠联合会：《槟州宗祠家庙简史（上集）》，槟州各姓氏宗祠联合会，2013 年。

4.（泰国）泰国郭氏宗亲总会：《泰国郭氏宗亲总会成立 50 周年纪念特刊》，内部资料，2015 年。

5.（泰国）泰国刘氏宗亲总会：《泰国刘氏宗亲总会 50 周年纪念特刊》，内部资料，2018 年。

6.（泰国）泰国王氏宗亲总会：《第九届世界王氏恳亲联谊大会特刊》，内部资料，2009 年。

7.（马来西亚）王氏一心社：《王氏一心社庆祝 70 周年纪念特刊》，内部资料，1999 年。

8.（马来西亚）槟城王氏太原堂：《槟城王氏太原堂庆祝 125 周年纪念特刊》，内部资料，2016 年。

文史资料类

1.中国人民政治协商会议厦门市同安区委员会文史资料委员会：《同安文史资料·宗祠专辑》，厦门：厦门大学出版社，2015 年。

论文类

期刊论文

1. 郑莉：《明清时期海外移民的庙宇网络》，《学术月刊》2016 年第 1 期。

2. 张锋：《宗祠：吉祥文化的象征》，《人民论坛》2013 年第 20 期。

3. 吉原和男、王建新：《泰国华人社会的文化复兴运动——同姓团体的大宗祠建设》，《广西民族学院学报（哲学社会科学版）》2004 年第 3 期。

4. 刘云、李志贤：《二战后新加坡华人族谱编纂研究》，《闽台文化研究》2015 年第 2 期。

5. 李海：《越南探亲见闻续记》，《文史春秋》1996 年第 2 期。

6. 余定邦：《1899—1900 年东南亚华商的"勤王"活动——读澳门〈知新报〉的有关报道》，《南洋问题研究》2007 年第 2 期。

7. 林军：《弘扬辛亥革命精神　团结联系广大华侨　为实现中华民族伟大复兴不懈奋斗——纪念辛亥革命 100 周年》，《求是》2011 年第 18 期。

8. 庄国土：《世界华侨华人数量和分布的历史变化》，《世界历史》2011 年第 5 期。

9. 邢永川、韦守：《新加坡华人谱牒的传播特征与价值》，《文化与传播》2020 年第 5 期。

10. 梁双陆、王壬玚、顾北辰：《东南亚华人网络及其贸易创造效应》,《云南社会科学》2020 年第 6 期。

11. 王晓峰:《马华文学的“根”主题与精神世界》,《重庆邮电大学学报(社会科学版)》2020 年第 3 期。

12. 赖林冬:《东南亚华人文教重构与发展嬗变探析》,《武汉理工大学学报(社会科学版)》2019 年第 4 期。

13. 陆海发、邵爱容:《价值观维度下新加坡民族共同体构建研究》,《内蒙古师范大学学报(哲学社会科学版)》2020 第 3 期。

14. 张燕:《同化主义与多元文化主义:印度尼西亚文化政策的演变》,《南亚东南亚研究》2020 第 3 期。

15. 王建红:《东南亚华裔幼童华人身份养成——以马来西亚槟城闽粤华人为例》,《浙江师范大学学报(社会科学版)》2020 年第 4 期。

16. 杜温:《缅甸华人庙宇:连接缅甸与东南亚和中国的寺庙信任网络》,《八桂侨刊》2016 年第 3 期。

17.Widodo, Johannes "The Chinese Diaspora's Urban Morphology and Architecture in Indonesia," *The Past in the Present: Architecture in Indonesia*, Leiden: Royal Netherlands Institute of Southeast Asian and Caribbean Studies, 2007.

18. 范正义:《保生大帝信仰起源辨析》,《龙岩学院学报》2005 年第 4 期。

19. 张锋:《东南亚华人宗亲文化与宗祠建筑特色研究》,《广西社会科学》2017 年第 5 期。

20. 陈志宏、涂小锵、康斯明:《马来西亚槟城福建五大姓华侨家族聚落空间研究》,《新建筑》2020 年第 3 期。

21. 李洁、田宗正、刘渌璐：《马来西亚华人宗亲会馆建筑与装饰研究——以槟城“邱公司龙山堂”为例》，《华中建筑》2022年第9期。

22. 全峰梅：《东南亚传统民居聚落的文化特性探析》，《南方建筑》2009年第1期。

23. 韩默、王涛：《建筑愉悦的再解析——基于空间句法的建筑空间主观体验研究》，《工业建筑》2024年1月13日。

24. 樊亚明、李康明、孙正阳：《工业遗产游憩化更新利用空间体验感知分析——以阳朔糖舍酒店为例》，《工业建筑》2023年第12期。

25. 沈燕清：《槟城福建华人五大姓氏饷码经营探析》，《八桂侨刊》2013年第4期。

26. 卢嘉新、甘萌雨：《句法视角下城市传统建筑空间特征研究——以莆田元妙观三清殿为例》，《青岛理工大学学报》2023年第1期。

27. 郑慧铭：《从福兴堂石雕装饰看闽南传统民居的装饰审美文化内涵》，《南方建筑》2017年第1期。

28. 丁一：《中国传统建筑理念及发展》，《建材与装饰》2020年第6期。

29. 汪晓东、刘金、牛佳伟：《明清福建戏台的空间等级探析》，《盐城工学院学报（社会科学版）》2023年第1期。

30. 张锋、张桂红：《中国宗祠的起源与当代发展——传统宗祠研究系列之二》，《名家名作》2021年第3期。

31. 高荣伟：《下南洋：历史上持续时间最长的人口大迁徙》，《寻根》2014年第4期。

32. 方煜东：《慈溪六桂堂文化探析》，《浙江档案》2008年第6期。

33. 赵美婷、王敏：《华侨建筑形态与宗族意义场所的重构——陈慈黉故居的建筑地理学研究》，《热带地理》2016年第2期。

34. 佘雯蔚、周武忠：《五色观与中国传统用色现象》，《艺术百家》2007年第5期。

35. 张晶盈：《东南亚华人文化认同的内涵和特性》，《华侨大学学报（哲学社会科学版）》2021年第3期。

36. 梁英明：《从东南亚华人看文化交流与融合》，《华侨华人历史研究》2006年第4期。

37. 李明欢：《逐梦留根：21世纪以来中国人跨国流动新常态》，《华侨华人历史研究》2023年第3期。

38. 王付兵：《二战后东南亚华侨华人认同的变化》，《南洋问题研究》2001年第4期。

39. 朱东芹：《菲律宾华侨华人社团现状》，《华侨大学学报（哲学社会科学版）》2010年第2期。

40. 丘立本：《从历史的角度看东南亚华人宗乡组织的前途》，《华侨华人历史研究》1996年第2期。

41. 庄国土：《论东南亚的华族》，《世界民族》2002年第3期。

42. 宋平：《论菲律宾华人宗亲会的物业公产》，《华侨华人历史研究》1995年第2期。

析出文献

1. 陈碧：《宗亲：新时期社区文化建设的推动者——以陈埭回族社区丁氏宗亲为例》，载《谱牒研究与五缘文化》，2008年。

2. 李庆新：《鄚玖、鄚天赐与河仙政权（港口国）》，载《第三届近代中国与世界国际学术研讨会论文集·第一卷·政治·外交（上）》，2010年。

3. 何林：《“下”缅甸与和顺人的家庭理想》，载《中国边境民族的迁徙流动与文化动态》，2009年。

4.（澳大利亚）颜清湟：《东南亚华族文化：延续与变化》，载《东南亚华人之研究》，张清江译，香港：香港社会科学出版社有限公司，2018年。

5. 庄国土：《21世纪前期世界华侨华人新变化评析》，载《华侨华人蓝皮书：华侨华人研究报告（2020）》，北京：社会科学文献出版社，2020年。

6. 范可：《“海外关系”与闽南侨乡的民间传统复兴》，载杨学潾、庄国土主编：《改革开放与福建华侨华人》，厦门：厦门大学出版社，1999年。

7. 赵凯等：《华人移民网络与中外投资贸易》，载《华侨华人蓝皮书：华侨华人研究报告（2022）》，北京：社会科学文献出版社，2023年。

8. 王辉耀：《中国海外国际移民新特点与大趋势》，载《国际人才蓝皮书：中国国际移民报告（2014）》，北京：社会科学文献出版社，2014年。

9. 陈秀琼：《菲律宾华裔青少年的中华文化认知需求调

查研究》，载《华侨华人蓝皮书：华侨华人研究报告（2022）》，北京：社会科学文献出版社，2023 年。

10. 朱媞媞：《东南亚华裔学生的语言使用情况与文化认同调查》，载《华侨华人蓝皮书：华侨华人研究报告（2017）》，北京：社会科学文献出版社，2017 年。

11.（新加坡）吴德耀：《儒家思想与企业管理》，载《儒学与工商文明》，北京：首都师范大学出版社，1999 年。

学位论文

1. 张锋：《岭南宗祠文化空间建构研究》，澳门科技大学博士论文，2022 年。

2. 林宛莹：《传统的再生：中国文学经典在马来西亚的伦理接受》，华中师范大学博士论文，2014 年。

3. 庄颖：《缅甸、老挝、柬埔寨华裔留学生对中华文化了解和认同情况的调查与分析——以暨南大学华文学院华文教育系缅、老、柬籍华裔留学生为例》，暨南大学硕士论文，2012 年。

4. 康斯明：《十九世纪末槟城乔治市华人社会空间研究》，华侨大学硕士论文，2019 年。

5. 岳甲林：《马来西亚与福建原乡地客家传统宗祠建筑艺术的对比研究》，山东建筑大学硕士论文，2021 年。

报纸类

1.《2023 中国—东盟教育交流周展现共建“一带一路”倡议新气象——教育架起守望相助“民心桥”》，《中国教育报》，2023 年 9 月 5 日第 1+3 版。

2. 宦佳：《做好“同圆”“共享”两篇大文章——访国务院侨办主任裘援平》，《人民日报（海外版）》，2016 年 3 月 14 日第 11 版。

4.《城门挂春联　南京开门红——马来西亚华人投来海外第一联》，《南京晨报》，2017 年 12 月 27 日。

新加坡《联合早报》、马来西亚《星洲日报》及印度尼西亚《印度尼西亚商报》等华文报纸的大量文章。

电子文献类

1.《马来西亚廖氏宗祠成立　助力华人宗亲文化传承》，中国侨网：http://www.chinaqw.com/hqhr/2020/07-14/262930.shtml。

2.《共建“一带一路”：构建人类命运共同体的重大实践》白皮书，中华人民共和国国务院新闻办公室：http://www.scio.gov.cn/zfbps/zfbps_2279/202310/t20231010_773682.html。

3.《2023 年中国与东盟、RCEP 其他成员国及“一带一路”沿线国家贸易情况》，中国驻东盟使团经济商务处：http://asean.mofcom.gov.cn/zgdmjm/tj/art/2024/art_89f1d30c70f44de1863c08fed2f3291c.html。

4.《2023 年 1—8 月中国—东盟贸易简况》，中国国际贸易促进委员会官网：https://www.ccpit.org/indonesia/a/20230918/20230918kxxw.html。

5.《千万华侨成东南亚心结　周恩来：解决双重国籍　消除怀疑》，中国共产党新闻网，2009 年 9 月 8 日。

6. 张茜翼：《华侨华人在中国—东盟人文交流中如何发

挥独特作用？——专访马来西亚亚太“一带一路”共策会会长翁诗杰》，中国新闻网：https://www.chinanews.com.cn/kong/2024/04-09/10195655.shtml。

7. 推进“一带一路”建设工作领导小组办公室：《坚定不移推进共建“一带一路”高质量发展走深走实的愿景与行动——共建“一带一路”未来十年发展展望》，中国一带一路网：http://www.yidaiyilu.gov.cn/p/0F1IITOI.html。

8. 杨锡铭：《“一带一路”上的潮州文化——以泰华社团家族传承为例》，中国侨网：http://baijiahao.baidu.com/s?id=1785854623869393050&wfr=spider&for=pc。

9. 梁基毅：《海外宗亲会与大陆宗祠族谱文化》，茂名外事侨务网：http://mmwqj.maoming.gov.cn/Article/ShowArticle.asp?ArticleID=1412。

10. 西瓜飞飞：《黄氏宗祠祭祖仪式》，凤凰网博客：http://blog.ifeng.com/article/1434896.html。

其他

抖音、快手、小红书以及贴吧等，在其中搜集大量未见公开出版的或者笔者团队未涉及的国家与地区的华人宗祠资料。同时，充分利用微信公众号及相关机构和宗亲会的官网。如：

新加坡口述历史中心；

新加坡宗乡会馆联合总会；

马来西亚华裔族谱中心；

泰华各姓宗亲总会联合会；

菲华各宗亲会联合总会。

后　记

我与宗祠研究结下不解之缘，迄今已经有15个年头。2009年，我来到五岭之南的贺州市，这是一个地处桂粤湘三省交界的地方。在这里，临贺故城（今贺街）各姓氏宗祠给我留下了深刻的印象，我从此开启了宗祠研究之旅。下面容许我再简单介绍一下我的宗祠研究历程：2010年，“基于潇贺古道文化背景下的宗祠建筑艺术研究”获得校级立项；2012年，“基于潇贺古道文化背景下的宗祠建筑艺术特质研究”获得教育厅立项；2017年，“文化强区：广西传统宗祠建筑艺术保护与创新研究”获得自治区社科基金立项；2018年，“东南亚华人宗祠建筑艺术研究”获得教育部人文社会科学规划基金立项；2019年，“岭南地区农村传统宗祠文化空间与乡村振兴研究”获得国家社会科学基金立项。关于宗祠研究立项，我先后经历了“校—厅—省（自治区）—部—国”的立项历程。回首来时路，诚如陈汗青先生在序言中所言，我的宗祠研究确实是从贺州出发，并逐步拓展延伸，最终从对国内的传统宗祠走向对东南亚华人宗祠的研究之路。

这些项目的支持给予了我更多的学术资源和调研机会，使我得以在这一复杂的研究领域中不断收获。特别是在教育部人文社会科学研究规划基金的推动下，我的研究视野得以进一步扩展，不仅在建筑艺术方面，更多是在文化、历史、社会等多维度方面探讨宗祠的意义。

我始终认为宗祠是华人所代表的中华文化在海外传播的载体，亦是华人区别于其他族群的重要文化符号。在一次次的对东南亚华人宗祠的田野调查中，我目睹了这些宗祠建筑所承载的华人历史记忆，也深入感受到每一座宗祠背后那些动人的故事。这些风格各异的宗祠，无论在哪个国家或地区，都承载着华人对故土、对祖先的敬仰。马来西亚、泰国、越南等地的华人宗祠，无论是风格的多样性，还是文化符号的呈现，都让我对中华文化的包容性与传承有了更深的理解。

宗祠作为中华文化的载体之一，记录着华人族群在异国他乡的奋斗史，成为他们心灵的归宿。在田野调查中，我遇到了许多感人的故事。例如，在马来西亚槟城，我有幸拜访了一位年过九十的老人，他是当地华人宗祠的守护者。尽管年事已高，但他依然每天照看宗祠，守护着家族的历史。他告诉我，宗祠不仅是建筑物，更是家族精神的寄托，无论子孙身处何方，宗祠都是他们共同的根。他们家族不断有小朋友到宗祠祭祀祖先族辈，领略祖辈们当年的荣光。

因此，我要感谢那些在田野调查中向我提供帮助的华人社区成员，是他们的无私分享让我得以获得珍贵的第一手资料。本书离不开众多学者、同仁及朋友们的支持与帮助，感谢在研究过程中给予我指导与鼓励的各位老师和专家。尤其是陈汗青先生为我的著作作了序，他洋溢的热情让我倍感振奋、深受鼓舞。广西师范大学出版社的编辑同志，他们对我著作的出版，倾注了很大的心力，在此向他们表示真挚的谢忱。此外，我还要感谢我的家人，他们给予了我无尽的支持与理解，让我在学术探索的道路上能够有更多的投入。

从学术研究、治院办学、家庭和睦到子女养成等等，传统即经典，古往即智慧，我越来越把宗祠作为一种方法。近些年，我带动了近十位研究生投入传统宗祠建筑艺术和文化保护研究工作，还通过学术讲座或辅导报告指导多位青年才俊走上传统文化研究之路，培养了众多专注传统宗祠研究的硕博人才，逐渐带动并形成了一支专业的传统宗祠研究团队。在未来的研究中，我们将继续揭示宗祠的建筑艺术，探讨宗祠的文化意义。

本书的作者为教育部项目的核心成员。作为项目负责人，我主要负责本书的主体框架和研究思路，以及第一章、第二章、第四章与第五章的写作；任智英主要负责第三章，并对第二章与第四章的历史文化部分进行了补正。我和任智英分别对全文作了文字的通读与梳理，最后，由我负责定稿。本书基于大量前人研究的成果，引用图片除自身拍摄外，多采集于各姓氏图谱或活动文集，笔者在注释中已经逐一注明出处，在此一并致谢。恐有挂一漏万之处，恳请相关作者谅解。如涉及版权事宜，请与作者联系。

在我看来，宗祠不仅是象征的艺术，还是文化传承的活化石，更是一种方法。著书时逢“一带一路”倡议十周年，具有特殊的纪念意义，是为记。

张锋

2023 年 12 月